物流虚拟仿真实训

WULIU XUNI FANGZHEN SHIXUN

高等职业院校实训系列教材

主　　编　赵典凯

副 主 编　张正旭

参编人员　李万慧　张　宁

蘭州大學出版社
LANZHOU UNIVERSITY PRESS

图书在版编目（CIP）数据

物流虚拟仿真实训 / 赵典凯主编. -- 兰州 : 兰州大学出版社，2025. 1. --（高等职业院校实训系列教材 / 赵彦军，张德龙总主编）. -- ISBN 978-7-311-06696-3

Ⅰ. F252-39

中国国家版本馆 CIP 数据核字第 2024HD0233 号

责任编辑　佟玉梅
封面设计　倪德龙

书　　名　物流虚拟仿真实训
　　　　　WULIU XUNI FANGZHEN SHIXUN
作　　者　赵典凯　主　编
出版发行　兰州大学出版社　(地址:兰州市天水南路222号　730000)
电　　话　0931-8912613(总编办公室)　0931-8617156(营销中心)
网　　址　http://press.lzu.edu.cn
电子信箱　press@lzu.edu.cn
印　　刷　兰州银声印务有限公司
开　　本　787 mm×1092 mm　1/16
成品尺寸　185 mm×258 mm
印　　张　9
字　　数　189千
版　　次　2025年1月第1版
印　　次　2025年1月第1次印刷
书　　号　ISBN 978-7-311-06696-3
定　　价　38.00元

Preface 前言

物流虚拟仿真实训作为一种创新的教学模式，逐渐成为物流教育的重要组成部分。通过虚拟仿真技术，学生可以在高度仿真的物流环境中进行实践操作，从而提升其专业技能和解决实际问题的能力。为了培养适应行业需求的高素质物流人才，物流虚拟仿真实训教材应运而生。

本书的编写，旨在通过构建虚拟的物流环境，为学生提供一个安全、经济、高效的实践平台。本书编写过程中体现了以下几个原则：一是强化实践教学，通过虚拟仿真技术，模拟真实的物流场景和操作流程，使学生在模拟环境中获得与实地实训相似的实践经验；二是深化理论理解，将理论知识与实践相结合，使学生在操作中深化对物流管理理论的理解和掌握；三是培养创新能力，鼓励学生在虚拟环境中探索新的解决方案和优化策略，培养其创新思维和问题解决能力；四是提升综合素质，通过团队协作、角色扮演等方式，提升学生的沟通协作能力、领导力和责任感等综合素质。

本书涵盖了物流管理的多个领域，包括仓储管理、配送管理、企业物流管理等。其主要内容和特色包括：一是高度仿真的物流环境，利用先进的虚拟仿真技术，构建逼真的物流场景和操作流程，使学生仿佛置身于真实的物流环境中；二是丰富的实训案例，提供多个精心设计的实训案例，涵盖物流管理的各个方面，让学生在模拟实践中体验物流管理的全过程；三是灵活多样的教学方式，支持单人独立操作、多人协作操作以及联合操作等多种教学模式，满足不同学生的学习需求；四是智能化的评估系统，通过智能化的评估系统，对学生的实训表现进行实时反馈和评估，帮助学生及时发现并改进问题。

本书由赵典凯担任主编，张正旭担任副主编。本书的项目一由李万慧编写，项目二由张宁编写，项目三由张正旭编写，项目四由赵典凯编写。全书由赵典凯完成统稿工作。

本书在编写过程中借鉴了部分教材、报刊、网络上的材料，在此向有关作者表示诚挚的感谢。

限于作者水平有限，本书不足之处在所难免，敬请广大同行和读者批评指正。

编　者

2024年7月

Contents 目录

项目一

系统仿真入门

思政讲堂

我国物流行业历经了三个阶段：最初的粗犷式物流仓储系统阶段，改革开放后现代物流初步探索和实践阶段，以及现代物流转型与智能物流体系的变革阶段。这一变革促使我国物流行业经历了从传统模式向现代化、智能化的方向发展，提升了物流行业整体效率和服务质量。随着全球经济一体化的深入推进和互联网技术的快速发展，物流行业作为连接生产与消费的关键纽带，其地位和作用日益凸显。数字物流平台将发挥重要作用，推动行业的绿色、智能发展。物流细分、大数据应用等已经成为发展新趋势，机遇与挑战并存。在新发展阶段中，同学们要以新发展理念为指导，关注新技术、新产业、新领域的发展趋势，通过学习和实践，培养创新精神和创造能力，全面促进自身发展。

实训目标

（1）掌握系统仿真的概念。

（2）了解系统仿真带来的效益。

（3）如何建立一个简单布局。

（4）如何连接端口来安排临时实体的路径。

（5）如何在FlexSim实体中输入数据和细节。

（6）如何操纵动画演示。

（7）如何查看每个FlexSim实体的简单统计数据。

任务一　系统仿真简介

任务介绍

小王在某生产型企业从事物流管理工作。近期，他所在的物流部门利用仿真软件对系统各工序设备的利用率展开分析，得到了原材料进入系统的最佳频率，使生产资源得到高效利用，继而使系统充分发挥出流转能力。小王感到很好奇，系统仿真是如何实现这一作用的呢?

任务分析

本任务介绍了系统仿真基础理论。系统是由相互联系、相互制约的若干部分结合而成的、具有特定功能的一个有机整体（集合）。系统仿真本质上是由系统、系统模型和实验3个要素组成的。系统是问题的本源，实验是解决问题的手段，而系统模型则是连接系统和实验之间的桥梁。最后，本任务介绍了当代物流系统仿真带来的效益。

相关知识

一、系统仿真

系统仿真，简而言之，是通过建立系统的模型并对其进行实验，以研究系统性能、行为以及变化规律的一种方法。这种方法能够帮助我们预测系统在真实环境下的行为，而无须直接在实际系统上操作，从而避免了潜在的风险，降低了成本。

在物流领域中常见的离散事件系统有供应链库存控制系统、交通运输系统、生产物流系统、仓储物流系统、港口装卸系统等。为了对这些系统进行分析和评价，最终达到优化系统的目的，借助系统仿真经常会得到意想不到的效果。

二、系统仿真带来的效益

随着制造业的发展，生产物流管理的数字化越来越受到企业的重视，规划、调整、提高、控制、投资等问题已经成为制造企业打造数字化工厂，决胜利润的关键。

物流仿真作为一种先进的模拟技术，已经在现代物流业中得到了广泛的应用。它可以帮助企业和机构更加精准地模拟和分析物流流程，从而提高运营效率，降低成本，优化资源配置。

三、计算机仿真技术在物流中的应用

（一）物流系统规划及设计

在没有实际系统规划的情况下，把系统规划转换成仿真模型，通过运行模型，评价规划方案的优劣并修改方案，这是物流系统仿真经常用到的一个方法。在物流系统仿真建成之前，要对不合理的设计和投资进行修正，避免资金、人力和时间的浪费。物流系统仿真运行准确地反映了未来物流系统在有选择的改变各种参数时的运行效果，从而使设计者对规划与方案的实际效果更加胸有成竹。

（二）物料运输调度

复杂的物流系统经常包含若干运输车辆、多种运输路线。合理调度运输工具，规划运输路线，保障运输路线的通畅和高效等都不是一件轻而易举的事。建立运输系统模型可以动态运行此模型，再用动画将运行状态、道路堵塞情况、物料供应情况等生动地呈现出来。仿真结果可提供各种数据，包括车辆的运行时间、利用率等。通过对运输调度过程的仿真，调度人员对所执行的调度策略进行检验和评价，就可以采取比较合理的调度策略。

（三）物流成本估算

物流过程是非常复杂的动态过程。物流成本包括运输成本、库存成本、装卸成本。成本的核算与所花费的时间直接有关。物流系统仿真是对物流整个过程的模拟。进程中每一个操作的时间，通过物流系统仿真推进被记录下来。因此，人们可以通过物流系统仿真，统计物流时间的花费，进而计算物流的成本。这种计算物流成本的方法，比用其他的数学方法计算更简便、更直观，并且可以建立起成本与物流系统规划、成本与物料库存控制、成本与物料运输调度策略之间的联系，从而用成本核算结果来评价物流系统的各种策略和方案，保证系统的经济性。实际物流系统仿真中，物流成本的估算可以与物流系统其他统计性能同时得到。

（四）库存控制

通过对物料库存状态的物流系统仿真，可以动态地模拟入库、出库、库存的实际状况。根据需要正确地掌握入库、出库的时机和数量。

四、VR在物流中的运用

虚拟现实作为一种全新的人机交互手段，已经被逐渐应用到各行各业中去。在物流专业的教学中，虚拟现实技术能够解决传统教学中无法避免的教学难题。

VR物流实训系统通过虚拟仿真，将真实的物流场地、流程、物品、突发事件模拟出来，以任务的形式将仓储、配送、运输、电商、装备、驾驶等物流教学中常见的课题进行可视化展示，并让学生参与其中，解决教学中常见课题的一些缺陷。

仓储中心的功能复杂，布局紧凑，只通过图纸学生很难理解各功能区之间的联系与设计原理。学生通过知感全息桌等全息展示设备，可以直接在空中以“上帝视角”俯瞰一个飘在空中的物流中心全息影像，并通过手柄实时改变各功能区的位置，验证仓储中心布局设计的合理性。学生不再需要到外面的真实仓储中心实习，而是直接在校园内就能以多人沉浸式体验的方式在虚拟仓储中心漫游，了解仓储中心的运营流程，掌握仓储中心的运转体系。

在物流的配送等环节中，难免会遇到分货、捡货等工作。传统的教学方式只能停留在书本上，不能让学生亲身体验分拣货物的流程。通过先进的混合现实（MR）交互技术，学生可以直接在真实世界中透射出虚拟的货架和货物的影像，并且徒手演示货物整理、货物分类、货物摆放等操作，加深对各个步骤的印象。

总而言之，虚拟现实技术打破了物流教学中时间、空间的限制，让虚拟的教学内容走进课堂，提高了教学效率，节省了教学成本，缩短了培训周期，并且还能激发学生的创造性。

思考与练习

1. 何为系统仿真？
2. 系统仿真可以带来哪些效益？

任务一工单

1. 任务分组

班级		组号		指导老师	
组长		学号			
小组成员	姓名	学号	角色分工		
			监护人员		
			操作人员		
			记录人员		
			评分人员		

2. 任务实施

序号	任务点	具体工作内容	结果记录
1	学习系统仿真的相关知识点	阐述系统仿真	
		阐述 FlexSim 软件的优点	
		简单分析系统仿真带来的效益	

3. 考核评价

序号	技能要求	评分细则	配分	等级	得分
1	考勤	没有迟到、早退、旷课的现象	25	A	
				B	
				C	
				D	

<table>
<tr><th>序号</th><th>技能要求</th><th>评分细则</th><th>配分</th><th>等级</th><th>得分</th></tr>
<tr><td rowspan="4">2</td><td rowspan="4">工作过程</td><td>对每个任务点熟悉且有自己的理解</td><td rowspan="4">50</td><td>A</td><td rowspan="4"></td></tr>
<tr><td>对每个任务点能简单阐述</td><td>B</td></tr>
<tr><td>能简单记录笔记</td><td>C</td></tr>
<tr><td>态度端正，工作认真，积极主动，能与团队成员进行合作交流</td><td>D</td></tr>
<tr><td rowspan="4">3</td><td rowspan="4">项目成果</td><td>模型可以正常运作，无错误</td><td rowspan="4">25</td><td>A</td><td rowspan="4"></td></tr>
<tr><td>对运作数据进行正确导出</td><td>B</td></tr>
<tr><td>对运作数据进行合理分析</td><td>C</td></tr>
<tr><td>撰写项目报告</td><td>D</td></tr>
</table>

任务二　FlexSim应用基础

任务介绍

有三种不同类型的临时实体将按照正态分布间隔到达。临时实体的类型在类型1、2、3之间均匀分布。当临时实体到达时，它们将进入暂存区并等待检验。有3个检验台用来检验。第一个检验类型1，第二个检验类型2，第三个检验类型3。检验后的临时实体放到输送机上，在输送机的终端又被送到吸收器中，从而退出模型。通常可利用FlexSim建立简单物流系统的仿真模型。

任务分析

一、作业流程

总体结构：本案例主要由到货区、检验区、吸收区等部分组成。

二、自动仓库设计设备及布局

仿真实体及功能见表1-1。

表1-1　仿真实体及功能

模型组成	实体	数量	实体功能
入库区	发生器	1	产生模型中所描述的几类实体
	暂存区	1	堆放进库货物
	操作员	1	将实体搬运到暂存区
理货检查区	传送带	若干	把货物输送到检验台
	处理器	3	检验货品是否符合质量要求
	叉车	1	把货物从处理器搬运到传送带
吸收区	吸收器	1	把货物吸收

三、仿真模型设施规划

发生器→暂存区→处理器→吸收器。

相关知识

一、基本仿真建模步骤

建模的基本步骤是问题定义、确定仿真算法、建立仿真模型、运行仿真模型、仿真结果分析、仿真结果输出、修改仿真参数等，基本仿真建模步骤如图1-1所示。

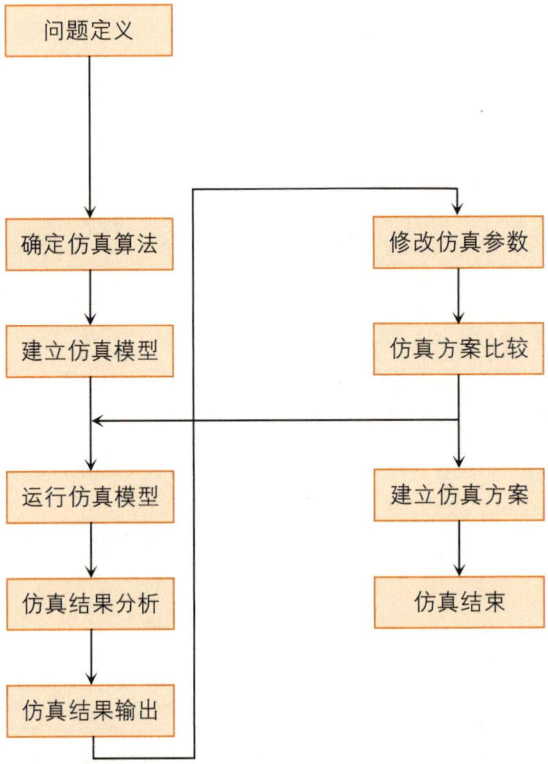

图1-1　基本仿真建模步骤

二、FlexSim的基本概念

（一）FlexSim的功能特点

FlexSim是由美国的FlexSim公司出品的分散型模拟软件。该软件具有原始数据拟合、输入建模、图形化的模型构建、虚拟现实显示、运行模型进行仿真实验、对结果进行优化、生成3D动画影像文件等功能；同时它还提供了与其他工具软件的接口。图1-2为FlexSim软件及其构成模块的结构图。

FlexSim是工程师、管理者和决策人对提出的“关于操作、流程、动态系统的方案”进行试验、评估、视觉化的工具。它的特点主要体现在基于面向对象技术建模、突出的3D图形显示效果、建模和调试简单方便、模型的扩展性强、易于和其他软件配合使用等。

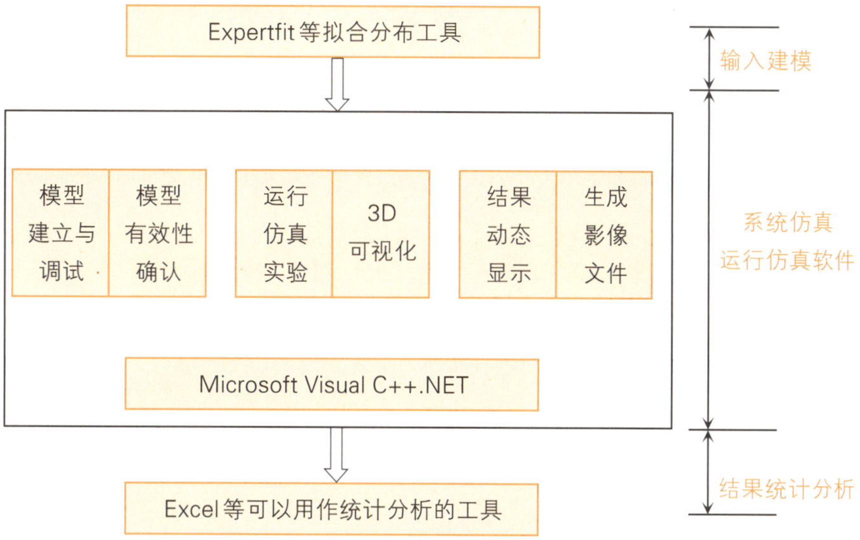

图 1-2　FlexSim 软件及其构成模块的结构图

（1）基于面向对象技术建模。FlexSim 中所有用来建立模型的资源都是对象，包括模型、表格、记录、GUI 等。同时，用户可以根据自己行业和领域的特点扩展对象，构建自己的对象库。面向对象的建模方式使得建模过程更为快捷，只需要通过拖动图形和增加附加程序就可以快速地建立系统模型。

（2）突出的 3D 图形显示效果。FlexSim 支持 3ds.、wrl.、dxf. 和 stl. 等文件格式，三维效果非常好，用户可以建立逼真的模型，从而帮助用户对模型有一个直观的认识，并进行模型的验证。用户可以在仿真环境下很容易地操控 3D 模型，从不同角度放大或缩小模型来观看效果。

（3）简单方便的建模和调试。FlexSim 提供给用户一个简洁的编排方式，通过拖曳的方式即可轻松地构建出图形化模型。功能齐全的元件库已详细分类为树状结构，通过建立的 2D 图形化模型能自动产生 3D 实体化及虚拟现实模型。建模的工作简单快捷，不需要编写程序。

（4）模型的扩展性强。FlexSim 支持建立用户定制对象，它融合了 C++编程功能，用户完全可以将其当作一个 C++的开发平台来开发一定的仿真应用程序。在 FlexSim 的软件环境中，C++不但能够直接用来定义模型，而且在编译中不会出现任何问题。这样用户就不需要传统的动态链接库，也不需要定义变量的复杂链接。

（5）易于和其他软件配合使用。FlexSim 提供了外部软件的接口，可以通过 ODBC 与外部数据库相连，与 Excel、Visio 等软件配合使用；可以通过 socket 接口与外部硬件设备相连。

FlexSim 已被广泛应用在多个领域，如交通路线规划，交通流量控制分析，生产能力仿真与分析，港口、机场、物流中心设计等。

（二）FlexSim仿真环境

1.FlexSim主界面

FlexSim主界面如图1-3所示，由菜单栏、工具栏、实体库、模型视图、仿真控制栏五部分组成。

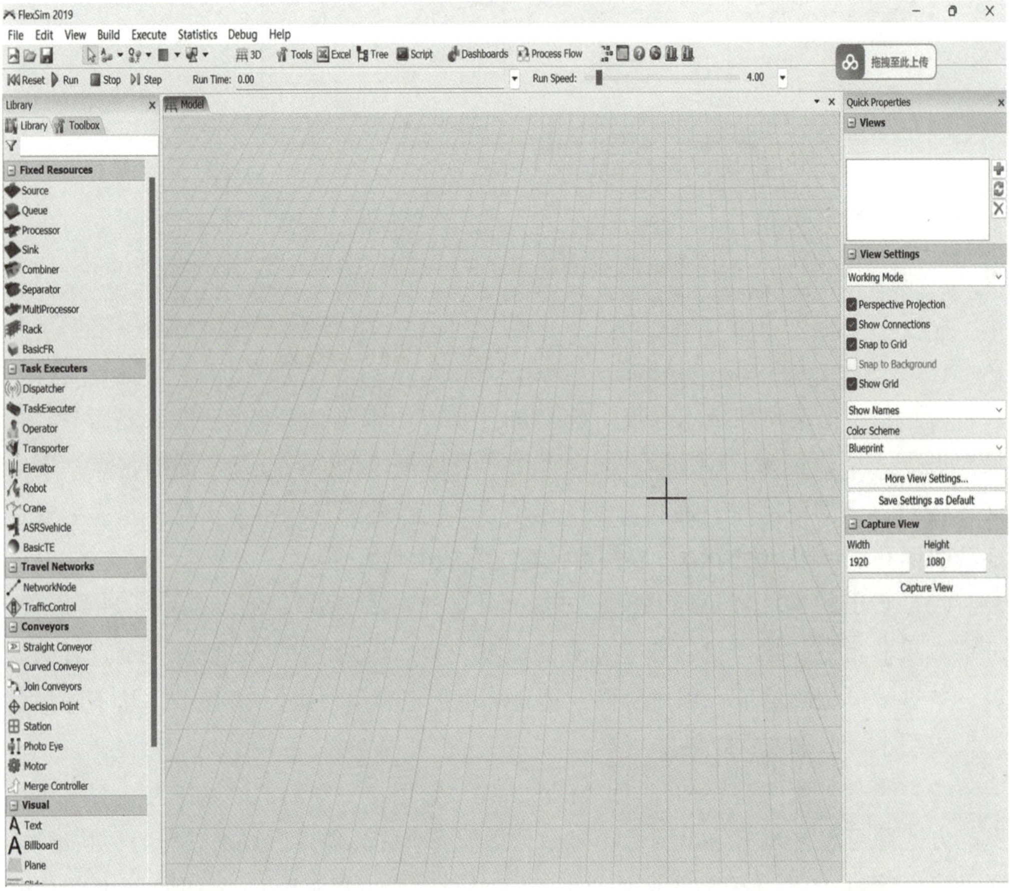

图1-3　FlexSim主界面

2. FlexSim的实体库

（1）固定资源类实体：Source发生器，Queue暂存区，Processor处理器，Sink吸收器，Combiner合成器，Separator分解器，MultiProcessor复合处理器，BFR基本固定实体等。

（2）任务执行类实体：任务分配器、任务执行器、操作员、叉车、堆垛机、起重机、升降机、机器人、基本任务执行器等。

（3）其他：网络节点类实体、传送带模块、仓储模块、视觉类实体、AGV模块、流体类实体、人员场景模块等。

FlexSim的实体库如图1-4所示。

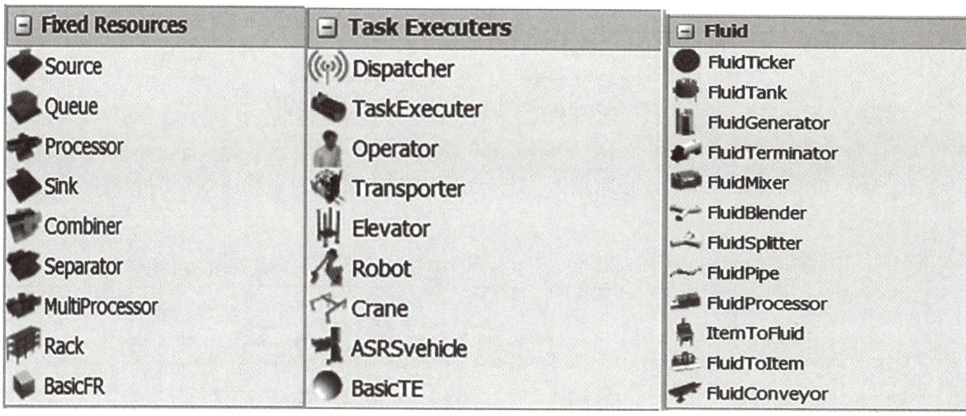

图 1–4　FlexSim 的实体库

FlexSim 的实体库实体介绍见表 1–2。

表 1–2　FlexSim 的实体库实体介绍

实体库	对象名称	中文名称	解释说明
固定资源类实体	Source	发生器	零件生成器，根据零件的生成序列生成零件
	Queue	暂存区	缓冲器，临时存放零件的地方
	Processor	处理器	单道工序加工器，根据零件的类型来加工零件
	Sink	吸收器	零件吸收器，零件加工工序全部完成后吸收零件
	Combiner	合成器	装配器，把部件装配到零件上
	Separator	分解器	衍生器，由一个源零件复制生产多个具有相同性质零件的副本
	MultiProcessor	复合处理器	多道工序加工器，加工零件要多个加工工序来完成
	BasicFR	基本固定实体	模型中固定不动的实体
任务执行类实体	Dispatcher	任务分配器	工人调度管理器，根据调度策略派出工人，无需求时召回工人
	TaskExecuter	任务执行器	它是模型中共享的、可移动的资源，可以使操作员对给定步骤中的临时实体进行加工处理，也可以在两个加工步骤之间运输临时实体
	BasicTE	基本任务执行器	它可进行碰撞检测和执行偏移行进
	Operator	操作员	表示一个具体的工人
	Transporter	叉车	叉车或铲车，当要搬运的物件比较多或者比较大时需要铲车

续表 1–2

实体库	对象名称	中文名称	解释说明
	Elevator	升降机	上下运输移动零件
	Robot	机器人	加工零件或者在搬运距离很近的时候使用
	Crane	起重机	完成输送任务，用来模拟由轨梁导引的起重机，如门式、桥式和悬臂式起重机
	ASRSvehicle	堆垛机	专门设计用来与货架一起工作
仓储模块	Rack	货架	用于储存零件
	Reservoir	储液罐	用于储存液体
传送带模块	Conveyor	传送带	零件输送带
	MergeSort	分拣传送带	实现零件的分类输入和输出
	BasicConveyor	基本传送带	可以允许临时实体随时随地移进或移出，是根据用户定义的逻辑移动的一种运输机
	TrafieControl	交通控制器	控制一个交通网络上给定区域的交通
网络节点类实体	FlowNode	流节点	用于将临时实体从一个位置移动到另一个位置
	NetworkNode	网络节点	定义运输机和操作员遵循的路径网络
流体类实体	FluidTicker	时钟	通常可以将时间分成小的、相同间隔的单位“tick”，建模者可以定义每个“tick”的长度
	FluidTank	流体存储箱	它是一个简单的流体实体，可以同时接收和发送物质
	FluidGenerator	流体发生器	可以提供无限制的流体供应，使流体发生器以固定速率进行填充或者在完全变空之后进行一定时间的填充

续表 1-2

实体库	对象名称	中文名称	解释说明
	FluidAbsorber	流体吸收器	用于销毁模型中加工过的物质，将没有转换成临时实体的流体物质移出模型
	FluidMixer	流体混合器	用于将不同的产品合成一种新产品
	FluidBlender	流体混合管	根据用户设定的百分比（非固定量）混合来自不同的输入端口的物质，流体混合管常用于管内混合，管内混合不需要成批完成
	FluidSplitter	分解管	根据建模者制定的百分比将物质输送至多个输出端口
	FluidPipe	输送管	用于模拟物质在两个实体之间移动所花费的时间
	FluidProcessor	流体处理器	用于模拟连续接收和输出流体物质的加工步骤（如连接蒸煮器）
	ItemToFluid	流体转换器	它是流体实体和离散实体相互转换的工具之一，接收临时实体，然后将其转换成流体物质
	FluidToItem	实体转换器	它是流体实体和离散实体相互转换的工具之一，接收流体，然后将其转换成临时实体输送至下游实体中

3. **菜单栏**

FlexSim的菜单栏，如图1-5所示。

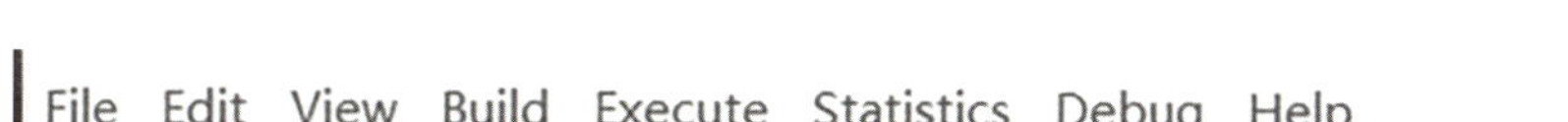

图1-5　FlexSim的菜单栏

FlexSim的菜单栏选项介绍见表1–3。

表1–3　FlexSim的菜单栏选项介绍

菜单栏	对象名称	中文名称	解释说明
文件菜单	New	新的	建立一个新的模型
	Open	打开	打开一个先前保存的模型（文件扩展名为.fsm）
	Save	保存	保存当前模型
	Recent Models	最近的模型	单击此处可以看到最近创建的仿真模型
	Save Model As	另存为	将仿真模型另存为扩展名为.fsm的文件
	StateFiles	状态文件	此选项用来保存模型的状态（当前运行模型），或者加载已保存的模型状态文件，然后接着运行模型
	Global Preferences	全局设置	此选项可以打开“全局设置”对话框，通过此对话框可以配置文本亮度等属性
	System	系统	用来手动加载媒体，断开任何链接到DLL切换节点的DLL
	Exit	退出	在不进行任何保存的情况下关闭FlexSim
编辑菜单	Undo	撤销	撤销对模型做的最后一次操作
	Redo	恢复	恢复对模型的上次操作
	Resize and Rotate Objects	调整尺寸并旋转实体	可以使实体轴显示在俯视图和透视图中，从而用来设计实体的尺寸和旋转实体
	Model Settings	模型设置	对数值精确度、传送带角度、样条线张力、随机数流量及相关单位进行设置

续表 1–3

菜单栏	对象名称	中文名称	解释说明
视图菜单	Model View	模型视图（3D）	模型视图以 3D 方式显示
	Model Tree	模型树	可以打开一个显示模型文件夹的树视图
	GUI	模型控制	打开模型控制 GUI 界面
	Start Page	首页	打开软件首页
	Open Default Workspace	打开默认模型位置	返回到默认的模型界面
创建菜单	Build Flexscript	创建 Flexscript	编写所有的 FlexSim 脚本代码
	Compile Model	编译模型	编译所有模型的 C++代码
	Compile Entire Session	编译整体会话	在主目录树中编译所有的 C++代码
	Open Visual Studio	打开 Visual Studio	打开 Visual Studio 软件
	Make All Code C++/Make All	设置所有代码为 C++/设置所有代码为 Flexscript	设置所有代码为 C++/设置所有代码为 Flexscript
执行菜单	Reset	重置	与仿真控制栏上的“重置”按钮功能相同
	Run	运行	与仿真控制栏上的“运行”按钮功能相同
	Stop	停止	与仿真控制栏上的“停止”按钮功能相同
	Step	步进	与仿真控制栏上的“步进”按钮功能相同
	Increase Run Speed	提高运行速度	提高模型的仿真运行速度
	Decrease Run Speed	降低运行速度	降低模型的仿真运行速度

续表 1–3

菜单栏	对象名称	中文名称	解释说明
统计菜单	Reports and Statistics	报告与统计	打开“报告与统计”对话框
	Experimenter	实验器	打开仿真实验控制输入窗口，或单击主窗口右下角的实验器按钮也可以实现此功能
	Repeat Random Streams	重复随机流	在每次重置和运行模型的时候重复随机流
	ExpertFit	打开 ExpertFit 软件	ExpernFit是一个用来确定输入数据的最佳匹配的统计概率分布程序
调试菜单	Breakpoints	断点	“断点”窗口可通过“调试”菜单打开。它是一个带有复选框的树状视图，可用于在模型中向代码添加断点
	Flexscript Code Profile	Flexscript 代码分析器	罗列了模型中定义的所有脚本函数，按照模型执行所花费的时间进行排序
	Event List	事件列表	暂挂事件（触发器将要发生的事件）的分类列表
	Event Log	事件日志	触发器已经发生的事件分类列表
帮助菜单	Getting Manual	用户手册	打开FlexSim的用户手册
	Commands	命令	打开命令集
	Attribute Hints	属性提示	显示所有的FlexSim属性和它们的含义
	License Activation	许可证激活	打开“许可证激活”对话框
	About FlexSim	关于 FlexSim	打开一个有关FlexSim信息的页面，显示当前运行

4. FlexSim 的工具栏

FlexSim的工具栏见表1-4。

表 1-4　FlexSim 的工具栏

工具栏	图　标	解释说明
新建		建立一个新的模型
打开		打开一个先前保存的模型（文件扩展名为.fsm）
保存		保存当前模型
A 连接		连接同类实体
Q 连接		断开同类实体的连接
选择实体		按<Shift>键或<Ctrl>键，同时选择多个实体
创建和取消创建实体		创建和取消创建实体
打开模型的 3D 视图窗口		打开模型的 3D 视图窗口
工具		打开工具箱
打开 Excel 界面		打开 Excel 界面
打开模型的树视图		打开模型的树视图
打开脚本编辑器		打开脚本编辑器

5. FlexSim 的仿真控制栏

FlexSim的仿真控制栏，如图1-6所示。

图 1-6　FlexSim 的仿真控制栏

FlexSim的仿真控制栏选项介绍见表1-5。

表 1-5　FlexSim 的仿真控制栏选项介绍

仿真控制栏	图　标	解释说明
仿真模型整体重置	Reset	调用各个对象的复位函数，清空缓存区，设置数据表格（Global Table，Time Table）参数
运行	Run	运行仿真模型
运行停止	Stop	仿真模型运行停止，调用各个对象的 OnFinish 函数，按下“停止”按钮后不可以继续运行模型
步进	Step	仿真模型步进，它是按事件步进的
运行时间	Run Time: 0.00	仿真模型转化到实际环境中运行的真正时间
运行速度	Run Speed: 4.00	仿真模型运行的速度

（三）FlexSim 的鼠标与键盘操作

1. 鼠标操作

（1）移动实体：要在模型中移动实体，可单击该实体并拖动至需要放置的位置。要旋转实体，可按住鼠标右键并拖动鼠标来旋转此实体；也可以使用鼠标滚轮，或在实体上同时按住鼠标左右键并拖动鼠标，沿 X 轴方向上下移动该实体。

（2）移动窗口：要移动模型位置，可单击窗口的一个空白区并拖动鼠标；要旋转模型视点，可右击空白区并拖动鼠标；要放大或缩小视图，可使用鼠标滚轮或同时按住鼠标左右键并拖动鼠标。

（3）连接端口：操作方法为按住键盘上的不同字母，单击一个实体并拖动至第二个实体。如果按住<A>键，则会在第一个实体上生成一个输出端口，同时在第二个实体上生成一个输入端口，这两个新的端口将自动连接；如果按住<S>键，将在这两个实体上各生成一个中间端口，并连接这两个新的端口；如果按住<Q>键或<W>键，则输入/输出端口之间或中间端口之间的连接被断开，端口被删除。

2. 键盘操作

在正投影或透视视图中工作时，可以使用若干快捷键来建立、定制和获取模型信息。图 1-7 所示为键盘布局，其中深色显示的键在与 FlexSim 的交互中具有特定含义。

图 1–7　键盘布局

（1）<A>键与<J>键为实体连接。<A>键用来连接某些类型的两个实体。操作方法为按住<A>键并单击此实体，同时按住鼠标左键不放，将其拖动到另一个实体，然后释放鼠标左键。通常<A>键连接的是一个实体的输出端口和另一个实体的输入端口。对于网络节点，<A>键则将其连接到作为移动路径的其他网络节点上。如果习惯左手使用鼠标，也可以用<J>键。当用<A>键连接两个实体，但是没有看见任何变化时，则可能是这些实体不支持<A>键连接。

（2）<Q>键与<U>键为断开实体连接。<Q>键用来断开某些类型的两个实体的连接。操作方法为按住<Q>键并单击一个实体，同时按住鼠标左键不放，将其拖动到另一个实体，然后释放鼠标左键。通常使用<Q>键来断开一个实体的输出端口与另一个实体的输入端口之间的连接。对于网络节点来说，<Q>键将断开一个网络节点与作为移动物的任务执行器，或者与作为移动网关的固定资源之间的连接，并设定一条移动路径的单行线连接为“无连接”（红色）。如果习惯左手使用鼠标，也可以用<U>键。

（3）<S>键与<K>键为端口连接。<S>键用来连接两个实体的中间端口。中间端口的使用是为了达到引导的目的，采用centerobjeet()命令可对其进行引用。操作方法为按住<S>键并单击一个实体，同时按住鼠标左键不放，将其拖动到另一个实体，然后释放鼠标左键。如果习惯左手使用鼠标，也可以用<K>键。

（4）<W>键与<1>键为断开中间端口连接。<W>键用来断开两个实体中间端口的连接。操作方法为按住<W>键并单击一个实体，同时按住鼠标左键不放，将其拖动到另一个实体，然后释放鼠标左键。如果习惯左手使用鼠标，也可以用<1>键。

（5）<D>键为连接网络节点和交通的控制器。网络节点和交通的控制器都采用<D>键连接。

（6）<E>键为断开网络节点和交通的控制器连接。网络节点和交通的控制器采用<E>键断开连接。

（7）<X>键可用来根据实体类型改变一个实体或者实体的视图信息。操作方法为按住<X>键并单击实体，网络节点将让整个网络在不同的显示模式间切换；<X>键也可在网络路径上创建新的样条节点。

（8）<B>键可用来根据实体类型改变实体或实体视图信息的附加键。操作方法为按住<B>键并单击实体，网络节点将使整个网络在不同的显示模式之间切换。交通控制器也可使用<B>键。

（9）<V>键可用来查看一个实体的输入/输出端口的连接。操作方法为按住<V>键并单击实体不松开，若先释放鼠标左键，则相关信息消失；若先释放<V>键，则会持续显示相关信息。

（10）<C>键可用来查看一个实体中间端口的连接。操作方法为按住<C>键并单击实体不松开，若先释放鼠标左键，则相关信息消失；若先释放<C>键，则会持续显示相关信息。

实践操作

一、系统仿真建模

（一）创建实体

用鼠标从实体库中拖出1个发生器（Source）、1个暂存区（Queue）、1个操作员（Operator）、3个处理器（Processor）、若干传送带（Conveyor）、3个吸收器（Sink）到模型视图中，按图1-8所示布置好模型的一楼位置。

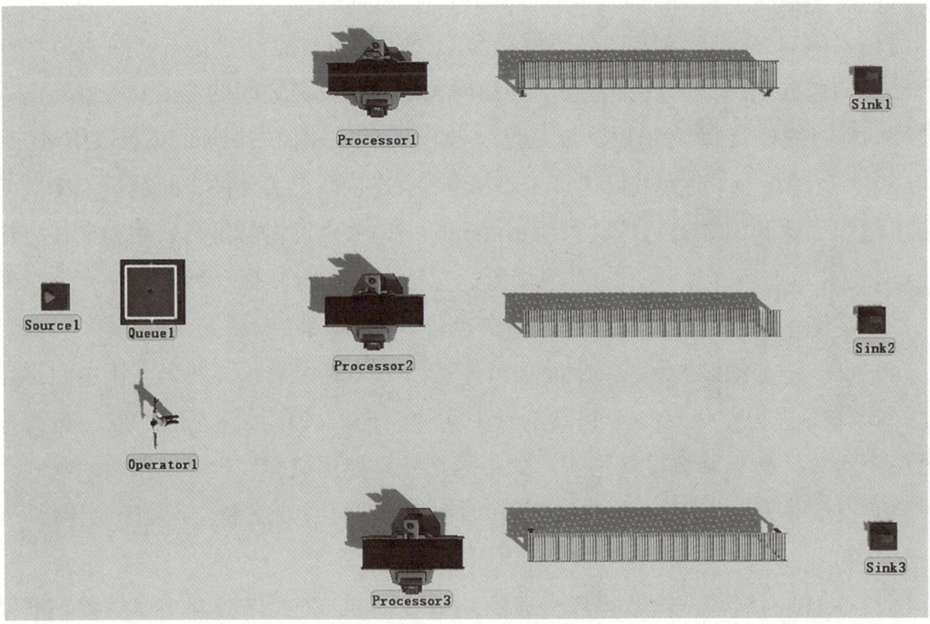

图1-8　模型布局

（二）连接对象

按照产品流动的路径，从发生器开始两两连接对象，产品将沿着连线在对象之间流动，连接时注意连接方向是从起点对象到终点对象，具体连接如下（除特别说明外连接均为A连接）。

模型包括以下5个部分，连接完成后的模型如图1-9所示。

（1）A连接发生器（Source）到暂存区（Queue）。

（2）A连接暂存区（Queue）到处理器（Processor）。

（3）S连接暂存区（Queue）到操作员（Operator）。

（4）A连接处理器（Processor）到传送带（Conveyor）（传送带之间都是A连接）。

（5）A连接传送带（Conveyor）到吸收器（Sink）。

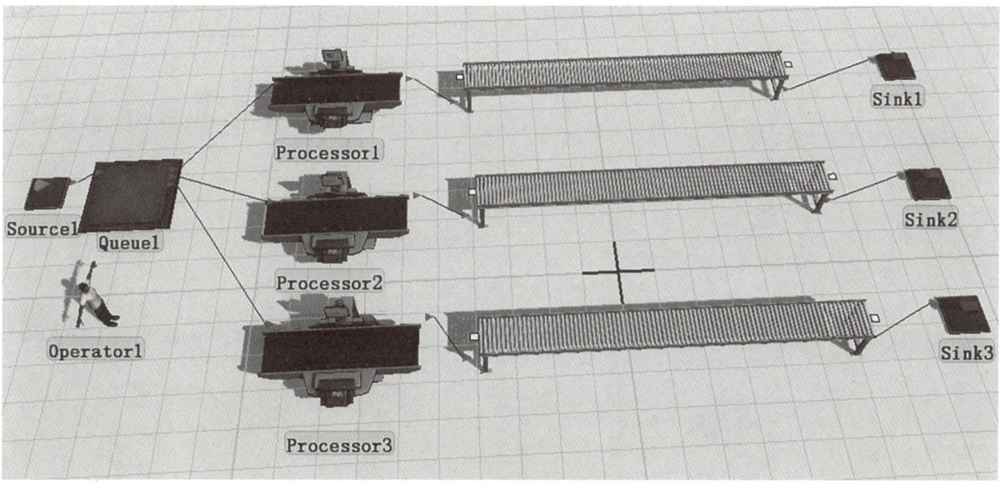

图1-9　连接完成后的模型

（三）属性设置

1.设置产品类型和颜色

双击“Source”弹出属性窗口，单击“触发器”选项卡，设置产品的类型和颜色。单击“+”按钮，选择“On Exit”，设置“临时实体类型和颜色”。设置“临时实体类型”为离散均匀分布“duniform(1，3)”，其中第一个参数为下限（当前设置为1），第二个参数为上限（当前设置为3），如图1-10所示，单击“确定”按钮，关闭属性窗口。

2.设置暂存区

双击“暂存区”，在“临时实体流”选项卡中，勾选“使用运输工具”复选框，如图1-11所示，设置暂存区使用操作员进行产品的搬运，单击“确定”按钮，关闭属性窗口，运行模型。

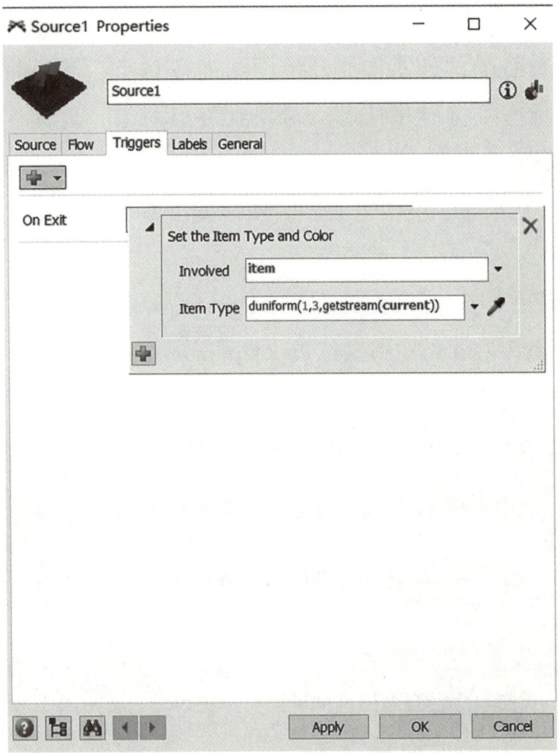

图 1–10　设置产品类型和颜色

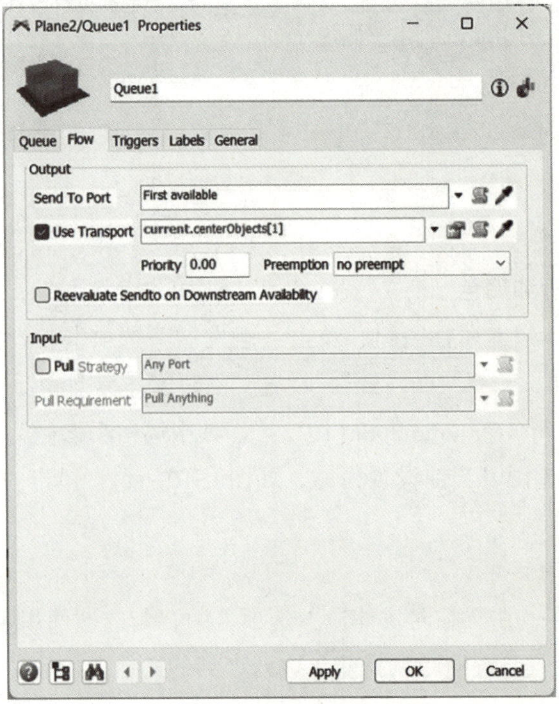

图 1–11　设置暂存区的输出途径及操作员

3. 运行模型

单击FlexSim仿真控制栏中的"Run"按钮，模型运行，单击"Stop"按钮，模型停止运行，单击"Reset"按钮，模型重置，如图1-12所示。

图1-12　运行模型

4. 设置模型运行时间

单击FlexSim仿真控制栏中的"Run Time"按钮旁边的小三角，设置模型运行时长，可设置模型运行的总体时长，也可以设置模型的停止时间等，如图1-13所示。

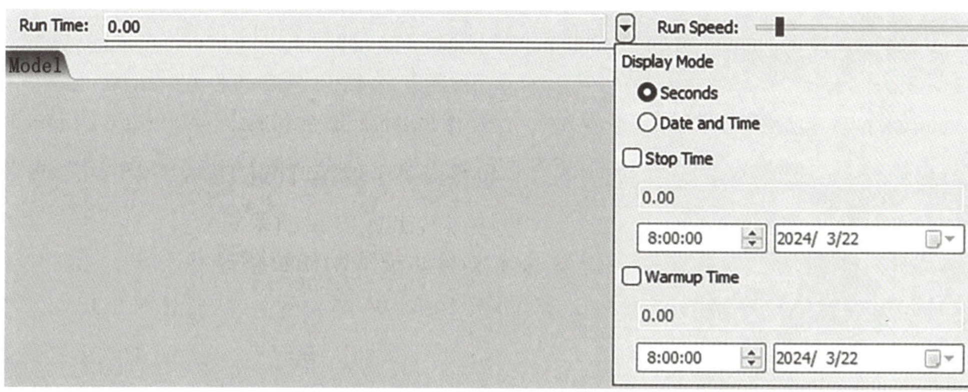

图1-13　设置模型运行时长

5. 设置模型运行速度

单击FlexSim仿真控制栏中的"Run Speed"按钮旁边的小三角，设置模型运行速度，如图1-14所示。

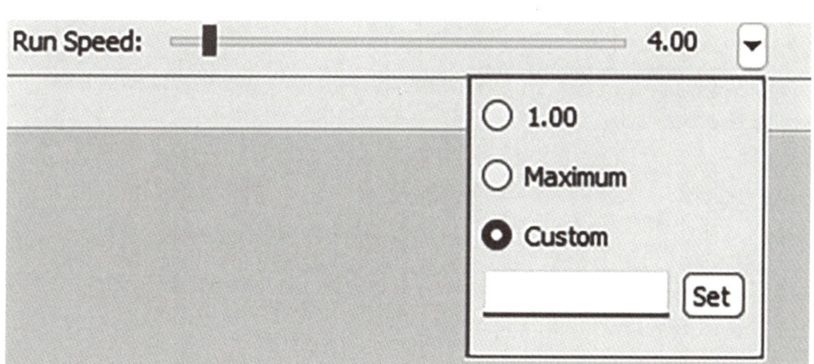

图1-14　设置模型运行速度

思考与练习

1.练一练

（1）搭建模型，将模型运行1小时，对模型的数据进行简单分析，撰写分析报告。

（2）增加1台处理器以后，将模型运行1小时，对模型的数据进行简单分析，撰写分析报告。

2.拓展训练

以案例为前提，用3个货架代替吸收器，用来存储装运前的临时实体，设置检验台的预置时间3 s和检验时间15 s，从输送机送货至货架需要1个叉车运输。

任务二工单

1. 任务分组

班级		组号		指导老师	
组长		学号			
小组成员	姓名	学号	角色分工		
			监护人员		
			操作人员		
			记录人员		
			评分人员		

2. 任务实施

序号	任务点	具体工作内容	结果记录
1	学习系统仿真的相关知识点，对其物流系统仿真有所了解	阐述物流系统仿真的必要性	
		阐述 FlexSim 软件的优点	
		阐述物流虚拟系统仿真的步骤及 FlexSim 软件的界面	
2	学习对物流系统仿真的布局	根据题目要求进行物流小模型的简单布局	
		根据题目要求选择合适的设施设备	
		根据流程及设施设备进行简单布局	
3	根据运作流程确定各个实体的连接方式	对模型中的设施设备进行合理连接	
		根据题目要求对实体进行设置	
		模型能正常运行	

3. 考核评价

序号	技能要求	评分细则	配分	等级	得分
1	考勤	没有迟到、早退、旷课的现象	25	A	
				B	
				C	
				D	
2	工作过程	模型流程合理，设施设备选择合理，自动化立体仓库合理布局	50	A	
		根据运作流程对各个实体进行合理连接		B	
		对每个实体进行合理设置		C	
		态度端正，工作认真，积极主动，能与团队成员进行合作交流		D	
3	项目成果	模型可以正常运作，无错误	25	A	
		对运作数据进行正确导出		B	
		对运作数据进行合理分析		C	
		撰写项目报告		D	

项目二

生产物流仿真

思政讲堂

物流仿真技术是一种通过模拟真实物流环境来评估改变对物流系统性能影响的方法。它基于物流系统的数据和算法模型，并使用计算机软件来模拟物流过程的各个环节，以便找到最佳物流方案，并预测潜在的瓶颈和风险。伴随着以云计算、大数据、人工智能等为代表的数字技术的深度应用，各行业、各领域都在不断催生新模式和新业态。赢得优势、占领先机的关键就在于科技创新。当代大学生要自觉增强创新、创造的责任感，树立敢于突破陈规的意识，勇做改革创新的实践者。

实训目标

(1) 掌握排队系统的基本知识，包括其过程、类型和特点。
(2) 学习用 FlexSim 对实际问题进行仿真。
(3) 掌握排队系统的参数设置。
(4) 了解生产物流系统的概念和优化理论。
(5) 掌握生产物流系统仿真的步骤。

任务一　排队系统仿真

任务介绍

一个小杂货铺只有一个服务台，顾客到达后若服务员在服务前面的顾客，则刚到达的顾客需要排队等待，现对10位顾客的到达和就接受服务进行系统仿真，顾客到达时间及接受服务时间见表2-1。

表2-1　顾客到达时间及接受服务时间

顾客人数/位	到达时间/分钟	接受服务时间/分钟
1	0	4
2	8	1
3	14	4
4	15	3
5	23	2
6	26	4
7	34	5
8	41	4
9	43	5
10	46	3

任务分析

一、作业流程

总体结构：本案例主要由入口、等待队列、服务区、出口四部分组成。

二、排队系统设备及布局

（一）排队系统仿真实体及功能

排队系统仿真实体及功能见表2-2。

表 2-2　排队系统仿真实体及功能

模型组成	实体	数量	实体功能
入口	发生器	1	产生模型中所描述的人物实体
等待队列	暂存区	1	等待服务
服务区	处理器	1	
	操作员	1	
出口	吸收器	1	吸收实体

（二）排队系统仿真模型设施规划

入口→等待队列→服务区→出口。

相关知识

一、排队系统概述

排队是在日常生活中经常遇到的现象，如顾客到商店购买物品、病人到医院看病，常常需要排队。此时要求服务的数量超过了服务机构（服务台、服务员等）的容量。也就是说，到达的顾客不能立即得到服务，因而出现了排队现象。排队系统是由顾客和为顾客提供服务的服务台组成的系统，顾客先进入等待队列排队，然后接受服务台的服务。

排队系统在服务业、物流业以及生产制造等行业有着广泛的应用。例如，顾客到银行办理业务时先排队，然后在柜台接受服务；在物流系统中，车辆在装卸点排队，然后接受装卸机的装卸服务；在生产系统中，产品在加工机器前排队，然后接受机器的加工服务等。由于顾客到达和服务时间的随机性，可以说排队现象几乎是不可避免的。

排队系统的关键元素是顾客和服务台。顾客是指到达服务台并请求服务的任何事物；服务台是指能够提供服务的任何资源。排队系统是指物、人及信息等流量元素在流动过程中，由于服务台不足而不能及时为每个顾客服务，产生需要排队等待服务（加工）的一类系统。

二、排队系统的类型

（一）单服务台结构

单服务台结构是排队系统中最简单的结构形式，通常只有一个服务台（或服务员）和一个队列。顾客到达后按照先到先服务的原则在队列中等待，直到服务台空闲时才接受服务。这种系统适用于服务需求相对稳定、服务时间较短的情况。

（二）单级多服务台结构

单级多服务台结构也是经常遇到的一类排队系统形式，又可分为所有服务台只有一个排队队列以及每个服务台都有排队队列两种不同情况，如图2-1所示。这里每个服务台的服务时间可以有相同的参数或分布，也可以有不同的参数甚至不同的分布。在第1种排队形式中（如图2-1A），只要有服务台空闲就会有顾客进入，当两个或两个以上服务台空闲时，则可按规则选择进入其中的一个服务台。在第2种排队形式中（如图2-1B），首先确定该顾客选择哪个服务台，然后根据选择的服务台是“忙”或“闲”来决定是否接受服务，还是在该服务台前的队列中等待服务。

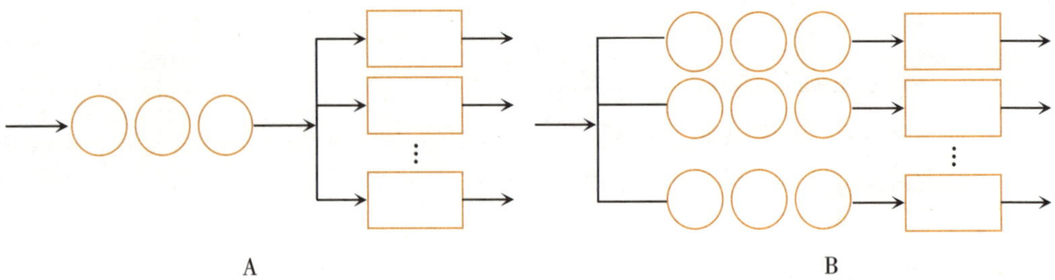

图2-1　单级多服务台结构

（三）多级多服务台排队系统结构

多级多服务台排队系统结构是排队系统的一类常见形式。图2-2所示为一个典型的多级多服务台排队系统，服务台共有3级，每级分别由2个、3个和1个服务台组成，每级服务台前有一个排队队列。顾客进入系统后逐级进入服务台，逐级服务。如果没有空闲的服务台则逐级排队等待，当最后一级服务结束后离开系统。

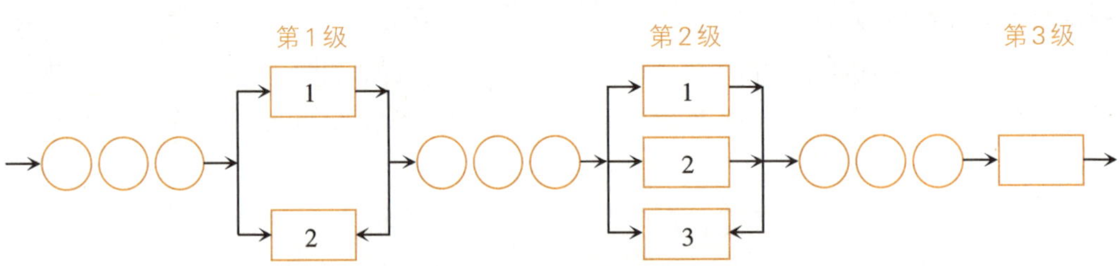

图2-2　多级多服务台排队系统结构

实践操作

系统仿真建模

（一）创建实体

从FlexSim左边的实体库中依次拖出所有实体（1个发生器，1个暂存区，1个处理器，1个操作员，1个吸收器）放在右边的模型视图中，并调整至适当的位置。为了更方便地读懂模型，通常会修改实体的名称，以符合实际情况。

双击最左边的暂存区，弹出实体属性的对话框，在最上方的名称栏里修改名称。按照图2-3所示布置好模型的位置。

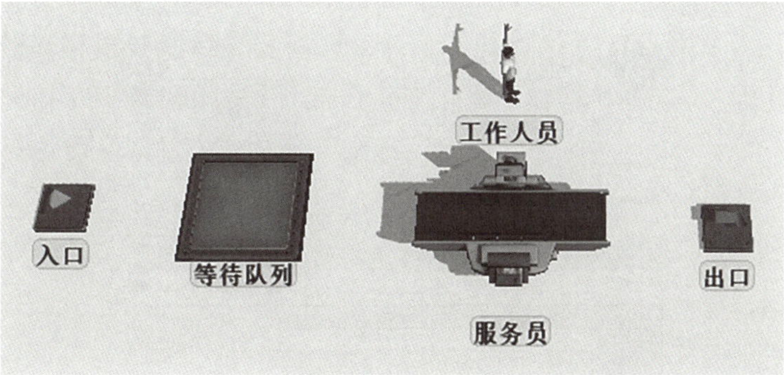

图2-3 模型布局

（二）连接对象

按照产品流动的路径，从发生器开始两两连接对象，产品将沿着连线在对象之间流动，连接时注意连接方向是从起点对象到终点对象，具体连接如下（除特别说明外连接均为A连接）。

模型以下4个部分，连接完成后的模型如图2-4所示。

（1）A连接发生器（Source）到暂存区（Queue）。

（2）A连接暂存区（Queue）到处理器（Processor）。

（3）A连接处理器（Processor）到吸收器（Sink）。

（4）S连接处理器（Processor）到操作员（Operator）。

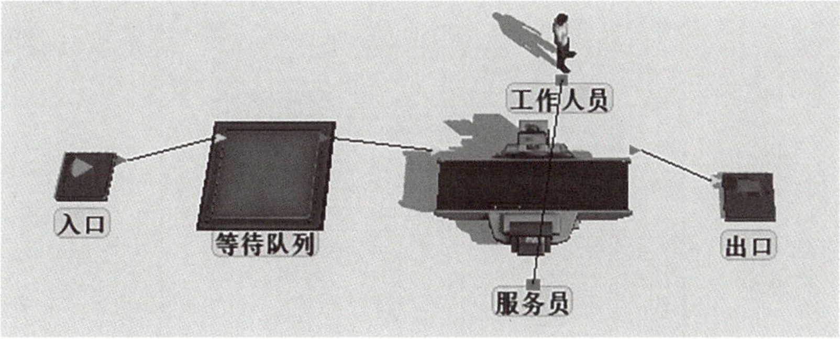

图2-4 连接完成后的模型

（三）实体参数设置

给发生器（Source）指定临时实体流到达参数：在发生器（Source）的设定里，需要让其产生10位顾客（流动实体）。其中顾客到达时间分别为0 min、8 min、14 min、

15 min、23 min、26 min、34 min、41 min、43 min、46 min。

双击“Source”，弹出属性窗口，在“到达方式”下拉菜单中选择“到达时间表”，把“到达次数”改成10，单击“刷新到达”后会刷新产生10栏Arrival，修改后如图2-5所示。

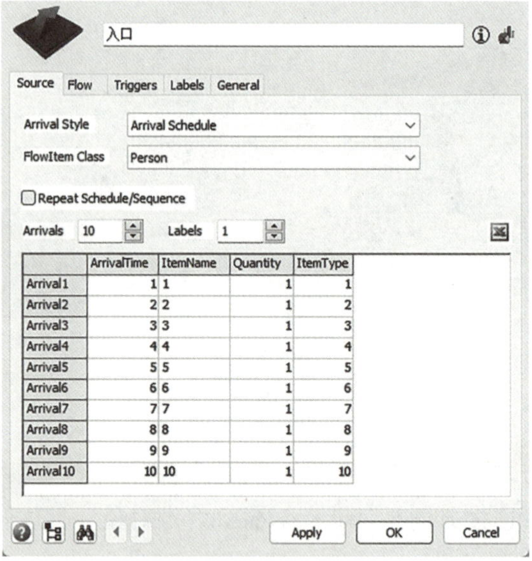

图2-5 “入口”设置

为了在仿真时更好地观察模型，我们给流动实体外观设置成“Person”。在“FlowItem Class”选项卡的下拉列表里选择“Person”，如图2-6所示。

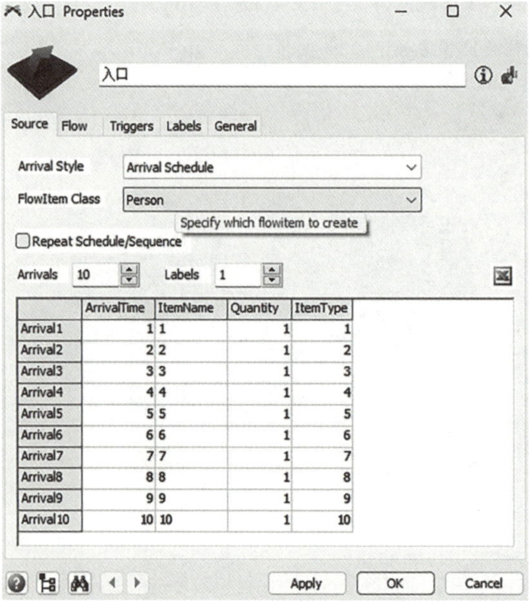

图2-6 实体外观设置

然后进行服务时间的设定，在“Process Time”下拉选项卡中选择“Values By Case”，将处理器的处理时间分别设置成3、4、1、4、3、2、4、5、4、5，单击“应用”按钮后，就完成了对“服务员”的设置，如图2-7所示。

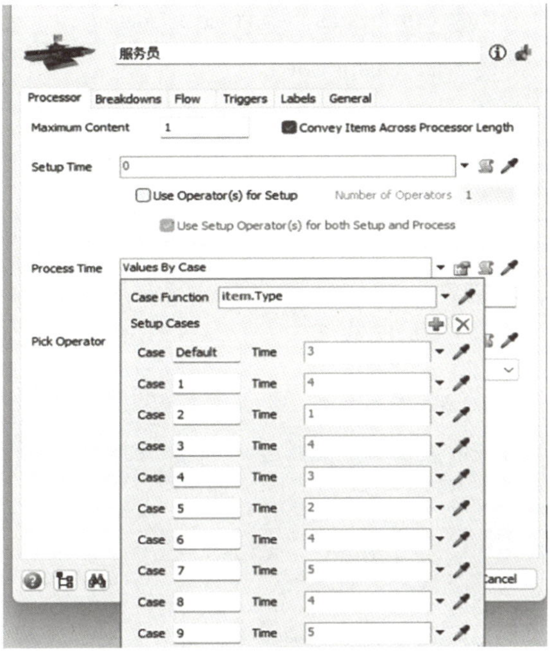

图2-7　服务员设置

本案例使用操作人员完成服务，选中“Use Operator(s)　for Process”，如图2-8所示。

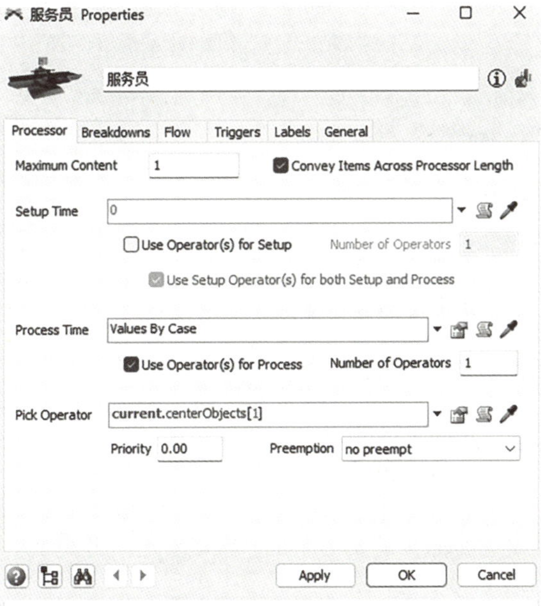

图2-8　使用操作人员进行作业

单击“确定”按钮，确认设置。

为更好地观察模型运行情况，添加数据统计看板，点击工具栏的“Dashboards”选择“Add a dashboard”，如图2-9所示。

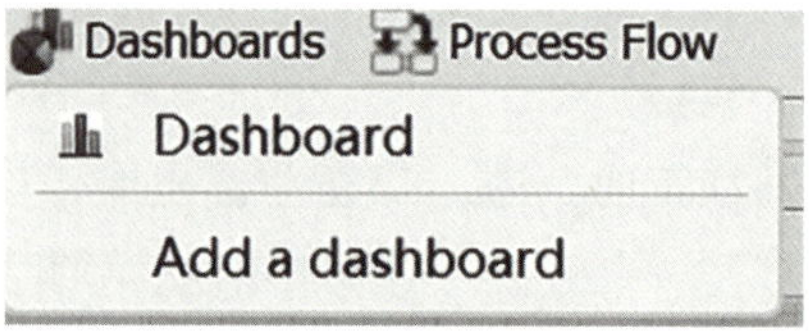

图2-9 插入看板

选择“State Pie”，拖出到右侧的“Dashboard”中，添加等待队列的空闲统计饼图，如图2-10至图2-12所示。

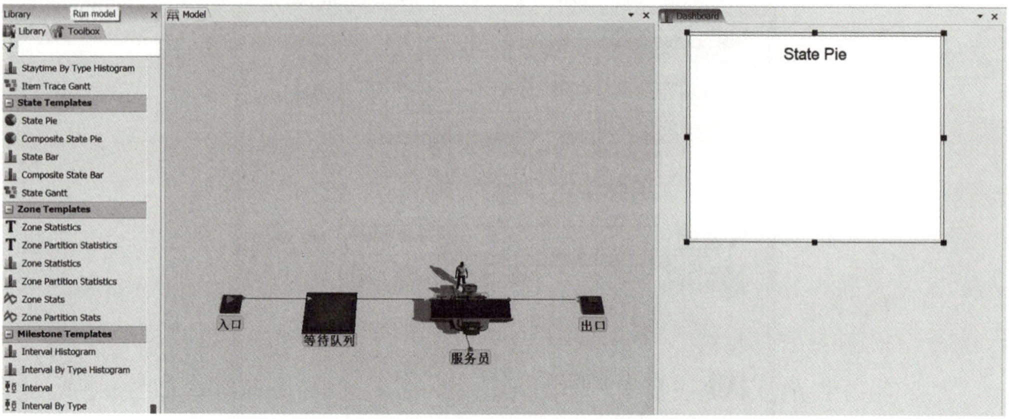

图2-10 添加饼图

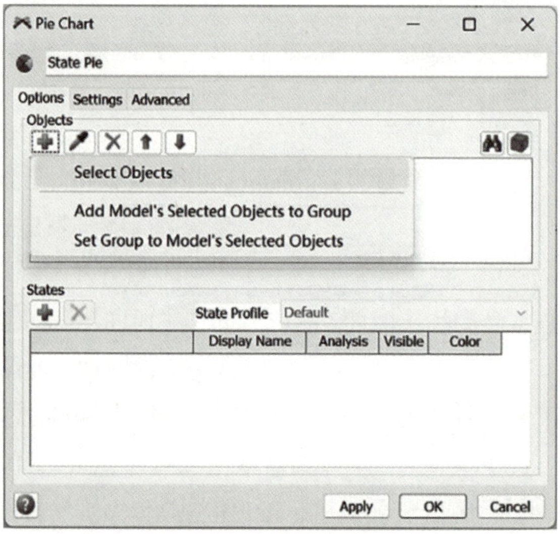

图2-11 选择实体

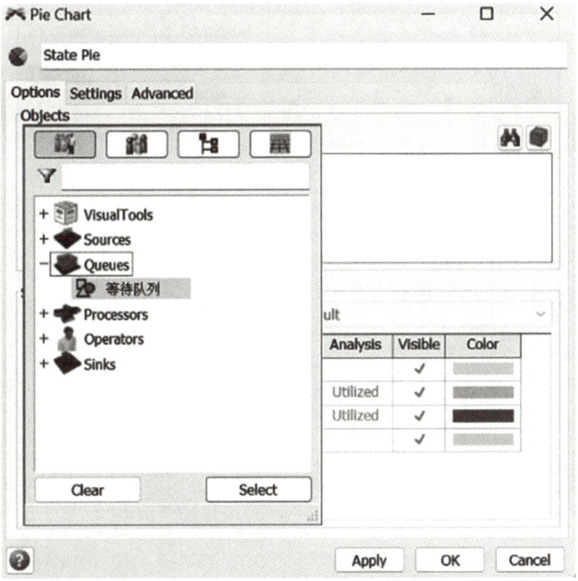

图 2-12　选择等待队列

（四）模型的运行

1. 重置模型

为了在运行模型前保证系统和模型参数处于初始状态，在仿真控制栏中单击“重置”按钮，重置模型。

2. 运行模型

单击“运行”按钮运行模型。在仿真进行过程中，可以看到顾客从系统中经过，通过服务员的服务，最后离开系统。

（五）仿真结果

模型运行结束后，仿真自动停止，结果如图 2-13 所示。

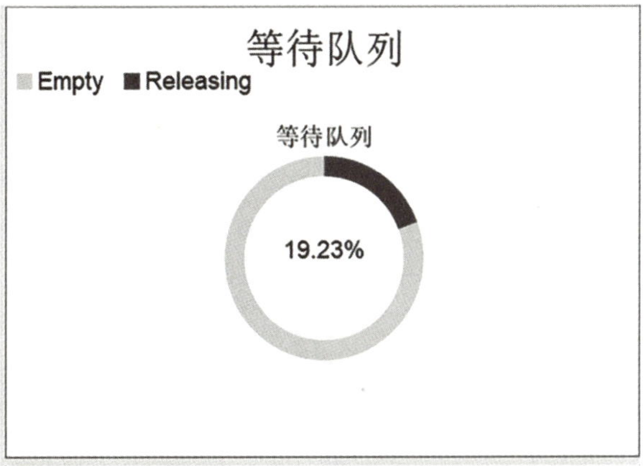

图 2-13　运送结果

由图2-13可知，等待队列80.77%的时间是空的，只有19.23%的时间是有人排队的。

思考与练习

1. 顾客到达收银区的概率服从指数分布，每10 s到达1人，建立模型并运行，且根据运行情况尝试进行模型的分析。

2. 处理器的处理时间设置为30 s，观察模型并且尝试做优化。

任务一工单

1. 任务分组

班级		组号		指导老师	
组长		学号			
小组成员	姓名	学号	角色分工		
			监护人员		
			操作人员		
			记录人员		
			评分人员		

2. 任务实施

序号	任务点	具体工作内容	结果记录
1	学习生产物流系统的构成，对其运作流程及各个区域熟悉了解	阐述排队系统的构成	
		阐述排队系统的运作流程	
		简单介绍排队系统所需的设施设备	
2	学习对生产物流系统布局	根据题目要求进行排队系统的流程布局	
		根据题目要求选择合适的设施设备	
		根据流程及设施设备进行简单布局	
3	根据运作流程确定各个实体的连接方式	对模型中的设施设备进行合理连接	
		根据题目要求对实体进行设置	
		模型能正常运行	
4	对仿真结果进行分析	对模型产生的结果进行导出并做出简单分析	

3. 考核评价

<table>
<tr><th>序号</th><th>技能要求</th><th>评分细则</th><th>配分</th><th>等级</th><th>得分</th></tr>
<tr><td rowspan="4">1</td><td rowspan="4">考勤</td><td rowspan="4">没有无故迟到、早退、旷课现象</td><td rowspan="4">25</td><td>A</td><td rowspan="4"></td></tr>
<tr><td>B</td></tr>
<tr><td>C</td></tr>
<tr><td>D</td></tr>
<tr><td rowspan="4">2</td><td rowspan="4">工作过程</td><td>模型流程合理，设施设备选择合理，自动化立体仓库合理布局</td><td rowspan="4">50</td><td>A</td><td rowspan="4"></td></tr>
<tr><td>根据运作流程对各个实体进行合理连接</td><td>B</td></tr>
<tr><td>对每个实体进行合理设置</td><td>C</td></tr>
<tr><td>态度端正，工作认真，积极主动，能与团队成员进行合作交流</td><td>D</td></tr>
<tr><td rowspan="4">3</td><td rowspan="4">项目成果</td><td>模型可以正常运作，无错误</td><td rowspan="4">25</td><td>A</td><td rowspan="4"></td></tr>
<tr><td>对运作数据进行正确导出</td><td>B</td></tr>
<tr><td>对运作数据进行合理分析</td><td>C</td></tr>
<tr><td>撰写项目报告</td><td>D</td></tr>
</table>

任务二 生产物流仿真

任务介绍

某机械加工需要经过车、钻、铣、磨4道工序，加工完成之后还需对产品进行检测。根据生产要求，工厂设置5个车间（车床车间、钻床车间、铣床车间、磨床车间和检测车间），加工3种类型的产品，每种产品都要按工艺顺序在5个不同的车间完成5道工序，产品的检测合格率为98%。

假定在保持车间逐日连续工作的条件下，仿真在多对象生产中采用不同的投产顺序，生产给定数量的3种产品。通过改变投产顺序，生产量、品种、工时和负荷趋于均衡来减少时间损失。

如果一项作业在特定时间到达车间后发现该组机器全都处于忙状态，则该作业就在该组机器处排入一个FIFO规则的队列暂存区，如果有前一天没有完成的任务，则第二天继续加工。

该项任务的仿真系统相关数据见表2-3至表2-5。

表2-3 车间机器数量 （单位/台）

项目	车床车间	钻床车间	铣床车间	磨床车间	检测车间
机器数量	3	3	2	3	2

表2-4 加工时间 （单位/min）

产品	车床	钻床	铣床	磨床	检测
产品1	5	5	4	4	6
产品2	3	4	3	4	3
产品3	4	5	3	4	1

表2-5 产品数量

产品	总数/个	每批量/个	时间间隔/min
产品1	1000	10	3

续表2-5

产品	总数/个	每批量/个	时间间隔/min
产品2	500	5	3
产品3	300	3	3

任务分析

一、作业流程

总体结构：本案例流水线系统工艺流程为毛坯→车床→钻床→铣床→磨床→检测→成品。

二、生产物流仿真设备及布局

仿真实体设计及功能见表2-6。

表2-6　仿真实体设计及功能

模型元素	系统元素	个数	实体功能
临时实体流	原料		不同实体类型代表不同类型原料，分别标为1、2、3
处理器	机器	12	进行不同的参数定义以表征不同机器组中的机器
暂存区	机器组暂存区	6	
传送带	传送带	若干	
发生器	原材料库	1	原材料的始发处
吸收器	成品库	2	原料加工后的最终去处

三、仿真模型设施规划

流水线系统工艺流程为毛坯→车床→钻床→铣床→磨床→检测→成品。

相关知识

一、初识生产物流系统

生产物流系统是现代工业生产中不可或缺的一环，它涉及原材料、半成品、成品等物料在生产过程中的流动与管控。一个高效、灵活的生产物流系统不仅能够提升生产效率，降低生产成本，还能确保产品质量，增强企业的市场竞争力。

生产物流系统是指在生产过程中，通过对物料、设备、人员、信息等资源的有效组织和协调，实现物料从供应商到最终消费者的顺畅流动。该系统涵盖了物料采购、库存管理、生产计划、物料配送等多个环节，各环节之间相互衔接，形成一个有机整体。

二、生产物流系统优化理论

经济全球化使资源的竞争加剧，公司间的竞争主要表现为供应链之间的竞争，谁的供应链敏捷迅速，谁的供应链总成本最低，谁就能在当今激烈的竞争中得到明显的优势。生产物流作为供应链的一个子系统，需要较高的操作要求。其在运作的过程中会出现某些问题，如工艺呆滞、等待时间过长、物流操作不规范、自动化水平低等，这些问题限制了生产中物流的活性，不利于生产制造的流畅性。因此，通常需要对生产物流系统进行整体优化，使各个生产环节加强配合，科学合理地促进生产的运作，提高生产中物流的活性和灵敏度。生产物流系统优化是通过了解生产物流，发现其中的问题，运用相关的理论和方法进行优化，以改进和优化生产物流系统的过程。生产物流系统的优化不是一蹴而就的，需要循序渐进地去改善，要着眼于整个生产物流系统，运用定性或定量的方法对生产车间内部物流进行优化分析。

（一）生产物流的优化目标

生产制造企业强调缩短供货周期，提高生产设备的利用率，减少生产制造的时间，提高产品的交付率。具体来说有以下五个基本优化目标。

1. 降低成本

降低成本是生产物流系统优化的首要目标。通过优化生产物流流程，减少物料搬运、存储和等待的时间，降低库存水平，可以减少企业的物流成本。同时，优化生产布局和物流路径，减少物料在运输过程中的损耗和浪费，也能进一步降低企业的成本支出。

2. 提高生产效率

生产效率是企业竞争力的重要体现。通过优化生产物流系统，可以实现生产流程的自动化、智能化和协同化，提高生产线的运转速度和灵活性，缩短生产周期，从而提升企业的生产效率。提高生产效率不仅可以满足市场需求，提高客户满意度，还能为企业创造更多的经济效益。

3. 提升产品质量

产品质量是企业的生命线。在生产物流系统优化过程中，应注重物料的质量控制，确保原材料和零部件的质量符合生产要求。同时，优化生产过程中的质量监控和检测手段，及时发现和解决质量问题，避免产品缺陷和不良品的产生，提升产品的整体质量水平。

4. 实现绿色生产

随着环保意识的不断提高，绿色生产已成为企业可持续发展的必然趋势。在生产物流系统优化过程中，应注重环保理念的贯彻，采用环保材料和绿色技术，减少污染物的排放和能源消耗，提高企业的环保水平。同时，优化废弃物处理和回收利用流程，实现资源的循环利用，降低企业的环境成本。

5.增强信息透明度

信息透明度是提升生产物流系统效率的关键。优化后的生产物流系统应具备完善的信息化平台和数据采集系统，实现生产过程中的实时数据采集、分析和反馈。增强信息透明度有助于管理者及时了解生产进度、库存情况和物流动态，从而做出准确的决策和调整，提高企业的运营效率和响应速度。

（二）生产物流的优化方法

企业在对自身的生产物流系统进行优化时，应该从整体出发，使生产物流系统整体化达到最优。通常科学有效的优化方法包括以下几种。

1.数学规划方法

数学规划方法是指采用线性及非线性规划、整数规划等数学规划方法，建立数学模型，并设立合理的约束条件，对一个可量化的目标函数进行优化。数学规划方法一般适用于随机性不强，变量较少，研究的系统适合建立数学模型，从理论上可以解出最优解的系统。

2.排队与排队网络方法

排队与排队网络方法的原理来源于数学中的图论。在生产物流系统中，物料排队等待加工的时间占物流时间的一大部分。因此，减少物料在生产加工系统中的排队时间和排队长度，可以节约库存费用。另外，根据排队论可以估算出待在队列中等待加工的零件数量、零件的等待时间和机器设备空闲的概率等。根据这些估算值可以选择改变某些变量来改善系统。

3.系统仿真方法

系统仿真方法是建立在控制理论、相似理论、信息处理技术和计算机理论基础上的，能解决数学规划或排队理论所不能解决的那些复杂的随机系统分析和建模问题，比较适合复杂的离散事件系统。

（三）生产物流的优化原则

1.系统性原则

生产物流是一个复杂的系统，各个环节之间相互关联、相互影响。因此，优化生产物流必须遵循系统性原则，从整体角度出发，全面考虑各个环节之间的关系，以实现整体最优。

2.效率优先原则

效率是生产物流优化的核心目标。在优化过程中，应优先考虑如何提高物流效率，减少物流时间和成本，提升企业的运营效率。

3.灵活性原则

生产物流应具备一定的灵活性，以应对市场需求的变化和企业战略调整。通过优化物流流程、提升物流设备的灵活性，可以更好地适应外部环境的变化。

4. 信息化原则

信息化是现代生产物流的重要特征。通过引入先进的信息技术，如物联网、大数据等，可以实现对物流过程的实时监控和精准管理，提高物流效率和质量。

5. 安全性原则

生产物流过程中，保障人员和货物的安全至关重要。在优化过程中，应充分考虑安全因素，制定完善的安全管理制度和应急预案，确保物流过程的安全稳定。

三、生产物流仿真

（一）生产物流系统仿真的特点

生产物流是指从企业的原材料采购、车间生产、半成品与成品的周转直至成品发送全过程中的物流活动。生产物流系统是一个复杂的综合性系统，要想合理组织生产物流，就要了解生产物流的特性。

1. 连续性

它是指物料总是处于不停地流动中，包括空间上的连续性和时间上的流畅性。空间上的连续性要求生产过程的各个环节在空间布置上合理紧凑，使物料的流程尽可能短，没有迂回现象。时间上的流畅性要求物料在生产过程中各个环节的运动自始至终处于连续流畅状态，没有或很少有不必要的停顿与等待现象。

2. 比例性

它是指生产过程的各个工艺阶段之间、各个工序之间在生产能力上要保持一定的比例，以适应产品制造的要求。比例关系表现在各生产环节的工人数、设备数、生产速率、开动班次等因素之间的相互协调和适应，所以比例是相对的、动态的。

3. 节奏性

它是指在生产过程的各个阶段，从原料加工到产品入库，都能保持有节奏地均衡进行，保证生产现场的作业规律化，达到生产活动的稳定，实现定置管理，并作为现场生产效率改善的依据。

4. 适应性

它是指生产过程的组织形式要灵活，能及时适应市场的变化，满足市场发生的新需求，是生产物流系统对生产工艺流程变动的反映程度。

生产线是典型的离散事件系统。离散事件系统的时间是连续变化的，而系统的状态仅在一些离散的时刻上由随机事件的驱动而发生变化。由于状态是离散变化的，引发状态变化的事件是随机发生的，离散事件系统的模型很难用数学方程来描述。因此，一般可根据生产线和装配线各自的主流产品信息、车间空间信息、设备信息和布置设计的要求，进行生产线设备布局设计，然后利用对象库建立生产系统仿真模型。

生产线规划设计与布局主要是确定生产线的规模、构成和布局，包括加工设备的类型和数量的选择与布局、物流系统的选择与设计、有关辅助设备的确定、系统布局设计等，这些任务之间是相互关联的，其中物流系统的设计是核心，因为其设备的类型和运输方法决定了系统布局的形式，并对控制系统体系结构和系统控制策略的设计有重要影响。

仿真模型是对问题的直观描述。在生产规划设计与布局的基础上，根据仿真实验框架，利用已建好的对象库，采用“软件重用”技术和层次结构，从对象库中直接选取并拖动对象到屏幕的相应位置上，然后连接这些对象，就可以构建系统的仿真模型，从而实现生产线面向生产物流系统的仿真建模。

（二）生产物流系统仿真的步骤

1.确定仿真的目标

决策者、管理者和工程师所关心的问题不同，建立的系统模型、设定的输入变量与输出变量等也各不相同。因此在进行系统仿真时，首先要确定仿真的目标，就是仿真要解决的问题，这也是系统调研和建模的依据。

2.系统分析及抽象简化

系统分析的目的是深入了解系统的结构、生产流程、各种建模所需参数等，以便建立准确的、完整的物流系统仿真模型。

由于现实的生产物流系统比较复杂，在仿真技术的运用中，许多环节是没有办法实现的。因此，应该根据系统仿真的目标对物流系统进行抽象和简化，将主要因素以及与研究问题相关的要素保留，将其余无关的或是关联性不强的要素舍弃，使得描述的系统精简扼要，这样可以降低仿真模型构建的难度。例如，对生产系统的生产效率进行分析的时候，产品的残次品率可以忽略不计。同时，应该设定一定的仿真约束或前提条件，保证仿真模拟系统与现实系统在功能上保持最大化的一致，减少误差。例如，对工作时间、机器故障率、物流路径等参数进行限制。

3.系统模型的建立

（1）模型建立的思路

系统是由许多子系统构成的，每个子系统之间相互联系、相互制约，共同实现系统功能。同时，该系统也是另一个更大、更高级系统的子系统。因此，在对生产物流系统进行仿真建模时，遵循的思路应是围绕仿真目的，先对子系统建模，然后再对整个系统建模，即由分到总。每个子系统之间都存在一定的逻辑关系，按照对应的关系将各个子系统衔接组合，即可形成整个生产物流系统的仿真模型。

（2）子系统的建立

生产物流系统仿真模型可划分为3个子系统，即物理模型、逻辑控制模型、信息处理及分析模型。

①物理模型主要包括缓存区、成品仓库、加工设备以及搬运设备等模块，它们

构成了仿真模型的实体框架部分。

②逻辑控制模型主要包括仿真钟、程序语言、功能控制等模块，它们是实现生产物流系统功能的关键。

仿真钟表是仿真运行的基础条件，它主要有两种推进方式：一种是事件调度方式，即按最早发生事件的发生时间推进；另一种是固定增量推进方式。通常根据生产系统的实际情况来选择仿真钟的推进方式，一般来说事件调度方式比较适合大多数的离散事件系统，而固定增量推进方式则适合系统事件发生时间具有较强周期性的模型。

③信息处理及分析模型主要包括作业计划、工艺流程、事件记录、数据输入/输出、数据分析等模块。

4. 模型的验证及运行

完成以上各子系统模型的构建之后，将其组合成整个生产物流系统模型框架，并运行该模型，检验它的性能，通过分析结果来判定模型是否如期望的那样运行，是否符合真实的系统情况。

实践操作

系统仿真建模

（一）创建实体

从FlexSim左边的实体库中依次拖出所有实体（1个发生器，6个暂存区，13个处理器，1个传送带，2个吸收器）放在右边的模型视图中，并调整至适当的位置。

为了更方便地读懂模型，通常会修改实体的名称，以符合实际情况。双击最左边的暂存区，弹出实体属性的对话框，在最上方的名称栏里修改名称。按照图2-14所示布置好模型的位置。

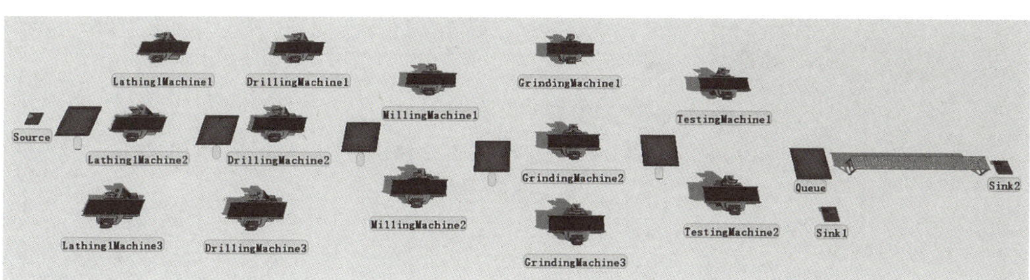

图2-14　模型布局

（二）连接对象

按照产品流动的路径，从发生器开始两个对象连接，产品将沿着连线在对象之间流动，连接时注意连接方向是从起点对象到终点对象，具体连接如下（除特别说明外连接均为A连接）。

模型有以下5个部分，连接完成后的模型如图2-15所示。

（1）A连接发生器（Source）到暂存区（Queue）。

（2）A连接暂存区（Queue）到处理器（Processor）。

（3）A连接暂存区（Queue）到传送带（Conveyor）（传送带之间都是A连接）。

（4）A连接暂存区（Queue）到吸收器（Sink）。

（5）A连接传送带（Conveyor）到吸收器（Sink）。

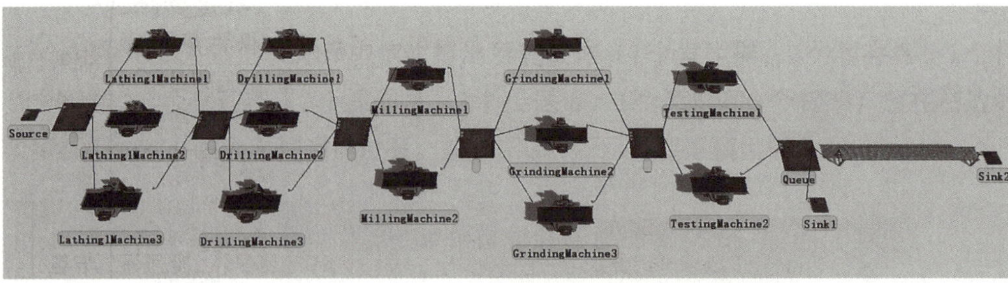

图2-15　连接完成后的模型

（三）实体参数设置

1.给发生器（Source）指定临时实体流到达参数

在发生器（Source）的设定里，需要让其循环产生3种类型的产品（流动实体），合计生产1800个产品时停止。其中产品1有1000个，每隔3 min生产10个；产品2有500个，每隔3 min生产5个；产品3有300个，每隔3 min 生产3个。

双击“Source”，弹出属性窗口，在“到达方式”下拉菜单中选择“到达时间表”，把“到达次数”改成4，单击“刷新到达”后会刷新产生4栏Arrival，修改后如图2-16所示。

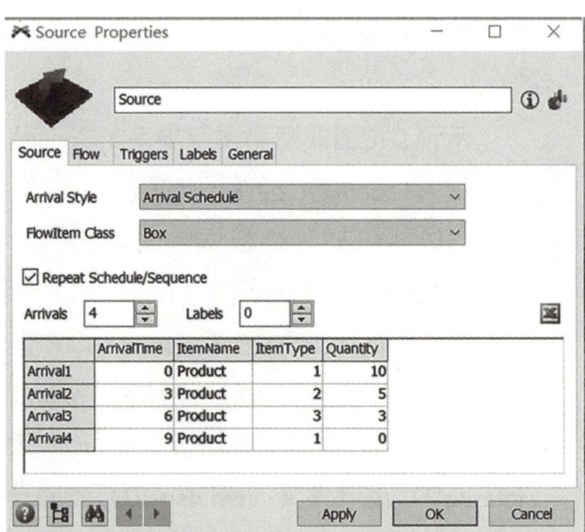

图2-16　调整产品到达信息

Arrival1栏表示在0时刻生产10个产品1，Arrival2栏表示在3 min时生产5个产品2，Arrival3栏表示在6 min时生产3个产品3，Arrival4栏表示在9 min时生产0个产品1（这是为了在循环产生产品时，不使Arrival4和后一批生产的Arrival1时间重叠）。

注意：一定要勾选“重复时间/序列表”复选框，否则不会循环产生流动实体。

为了在仿真时更好地观察模型，我们给不同类型的产品设置不同的颜色。在“触发器”选项卡的“离开触发”下拉列表里选择“数据设置”→“设置临时实体类型和颜色”，进行颜色设置，如图2-17所示。

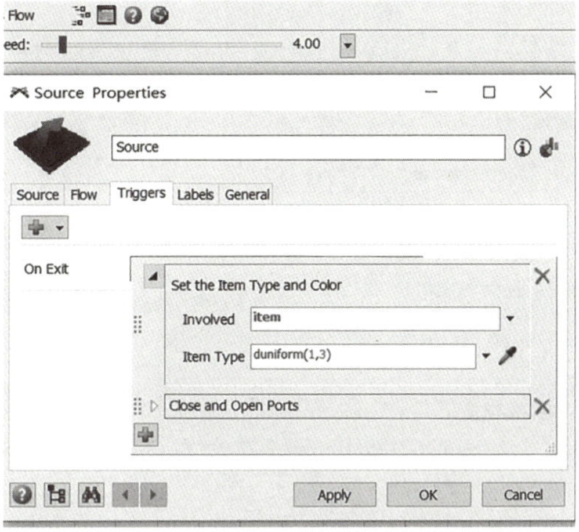

图2-17　为不同类型的产品设置不同颜色

接下来，我们设定当总共产生1800个产品时，“Source”自动停止生产产品。在“触发器”选项卡的“离开触发”下拉列表里选择“实体控制”→“关闭和打开端口”，在弹出的小窗口里将“条件”修改为“getoutput(current)==1799”，将“操作”修改为“closeoutput”（表示当临时实体产生1800个商品时，关闭“Source”的输出口），如图2-18所示。

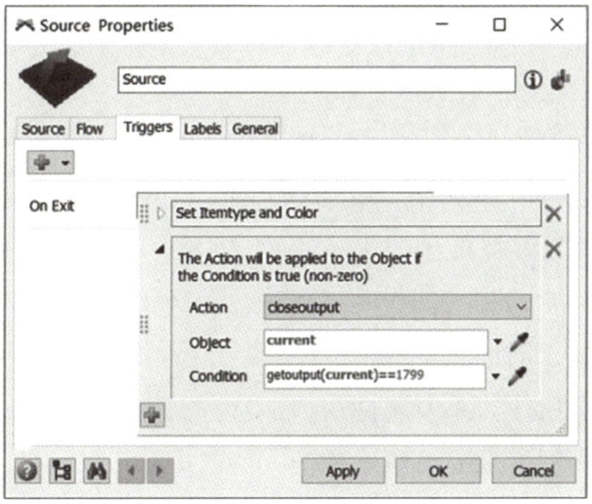

图2-18　设置关闭规则

单击“确定”按钮后，就完成了对“Source”的设定。

2. 暂存区的设置

为使整个系统正常工作，所有的暂存区必须能容纳足够多的产品，以保证前一级加工完的产品不至于因为没有地方存放而使得前一级的工作区不能正常工作。

由于总共需加工1800个产品，所以可以把所有暂存区的容量都设为1800，这样就不会发生阻塞了。

双击“LathingQueue”，在弹出的属性窗口中把“最大容量”设置为“1800”，如图2-19所示。

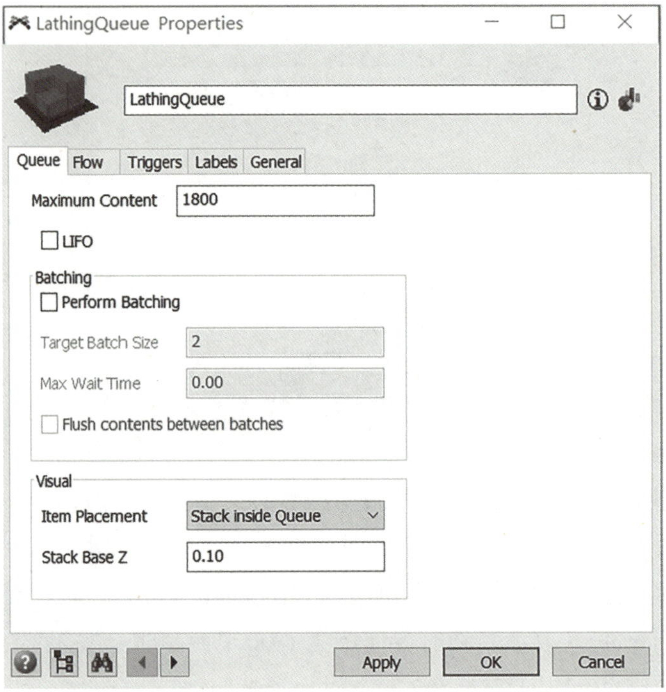

图2-19　最大容量设置

单击“确定”按钮，确认设置。

用同样的操作设置其他几个暂存区（DrillingQueue、MillingQueue、GrindingQueue、TestingQueue、Queue），将它们的最大容量都改为1800。

3. 车床车间处理器组的设置

该组的关键点在于加工时间的设定，产品1的加工时间为5 min，产品2的加工时间为3 min，产品3的加工时间为4 min。

双击“LathingMachine1”弹出属性窗口，在“加工时间”下拉列表中选择“根据不同Case设置时间”，并按图2-20所示修改。

对LathingMachine2和LathingMachine3进行相同的设置。

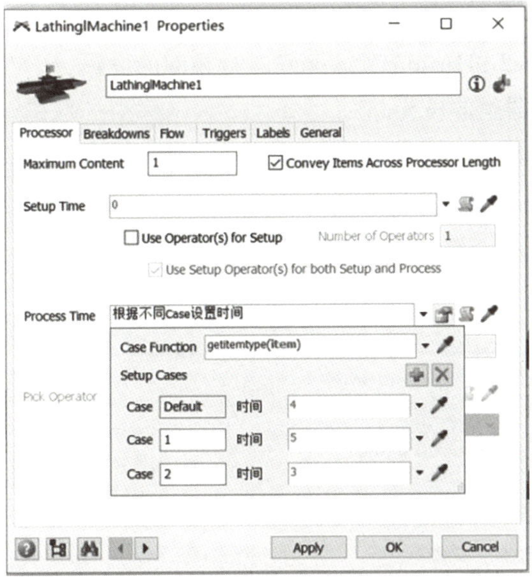

图 2–20　车床车间处理器加工时间设置

4. 钻床车间处理器组的设置

设置钻床车间处理器组的加工时间：产品 1 的加工时间为 5 min，产品 2 的加工时间为 4 min，产品 3 的加工时间为 5 min。

双击“DrillingMachine1”弹出属性窗口，在“加工时间”下拉列表中选择“根据不同 Case 设置时间”，并按图 2–21 所示修改。

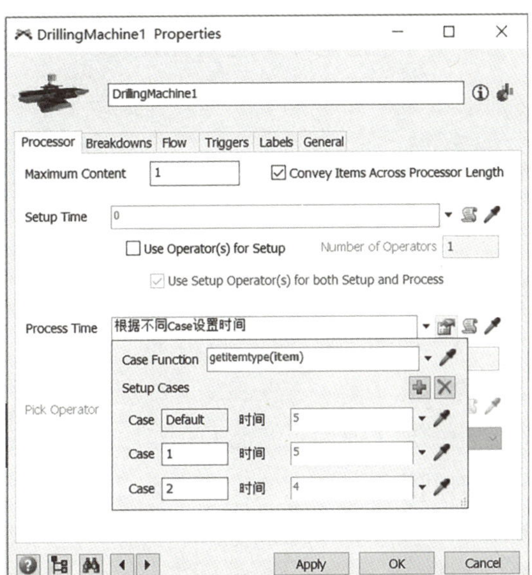

图 2–21　钻床车间处理器加工时间设置

单击“确定”按钮，完成对 LathingMachine1 的设置。

单击“确定”按钮，完成对DrillingMachine1的设置。

对DrillingMachine2和DrillingMachine3进行相同的设置。

5. 铣床车间处理器组的设置

设置铣床车间处理器组的加工时间：产品1的加工时间为4 min，产品2的加工时间为3 min，产品3的加工时间为3 min。

双击“MillingMachine1”弹出属性窗口，在“加工时间”下拉列表中选择“根据不同Case设置时间”，并按图2-22所示修改。

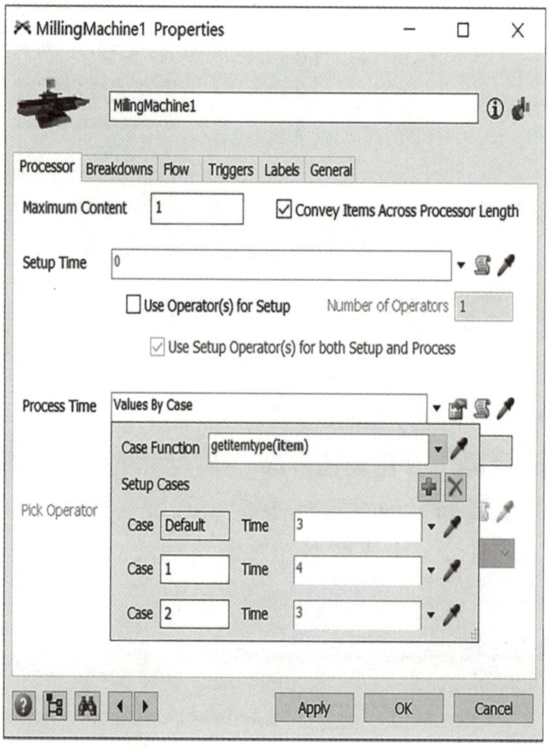

图2-22　铣床车间处理器加工时间设置

单击“确定”按钮，完成对MillingMachine1的设置。

对MillingMachine2进行相同的设置。

6. 磨床车间处理器组的设置

设置磨床车间处理器组的加工时间：产品1的加工时间为4 min，产品2的加工时间为4 min，产品3的加工时间为4 min。

双击“GrindingMachine1”弹出属性窗口，在“加工时间”下拉列表中选择“根据不同Case设置时间”，并按图2-23所示修改。

单击“确定”按钮，完成对GrindingMachine1的设置。

对GrindingMachine2和GrindingMachine3进行相同的设置。

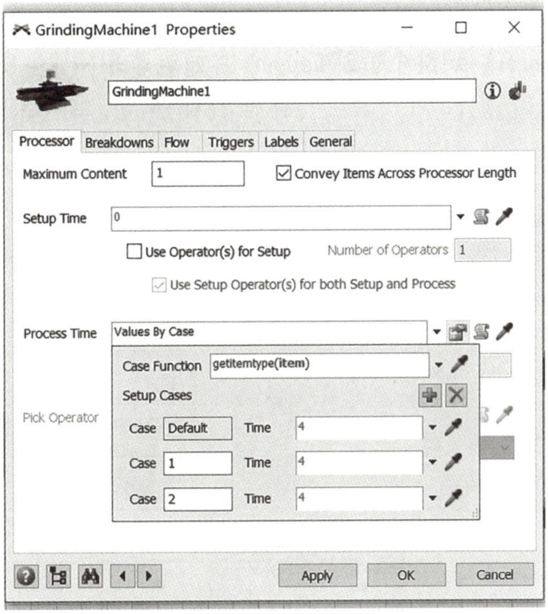

图 2-23　磨床车间处理器加工时间设置

7. 测试车间处理器组的设置

设置测试车间处理器组的加工时间：产品 1 的加工时间为 6 min，产品 2 的加工时间为 3 min，产品 3 的加工时间为 1 min。

双击“TestingMachine1”弹出属性窗口，在“加工时间”下拉列表中选择“根据不同 Case 设置时间”，并按图 2-24 所示修改。

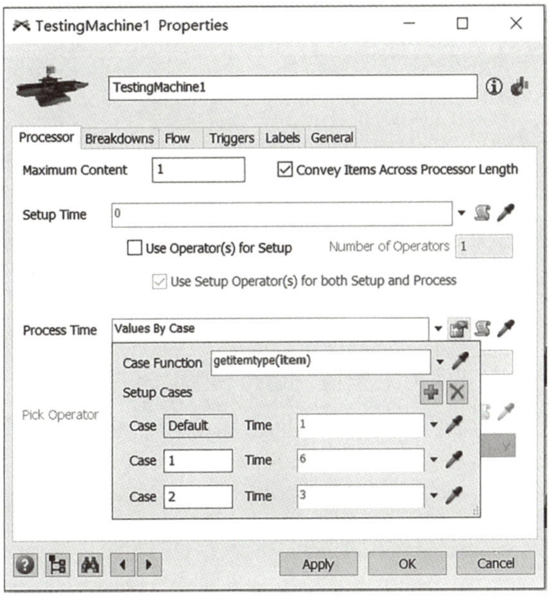

图 2-24　测试车间处理器加工时间设置

单击“确定”按钮，完成对TestingMachine1的设置。

对TestingMachine2进行相同的设置。

8.检测合格率的设置

设置检测合格率，就是对临时实体流经过Quene后去向的设定。98%的合格产品通过传送带送至仓库存储，2%的不合格产品回收。

双击“Queue”，选择“临时实体流”选项卡，在“发送至端口”下拉列表中选择“随机”→“按百分比”，并按图2-25所示设置参数。

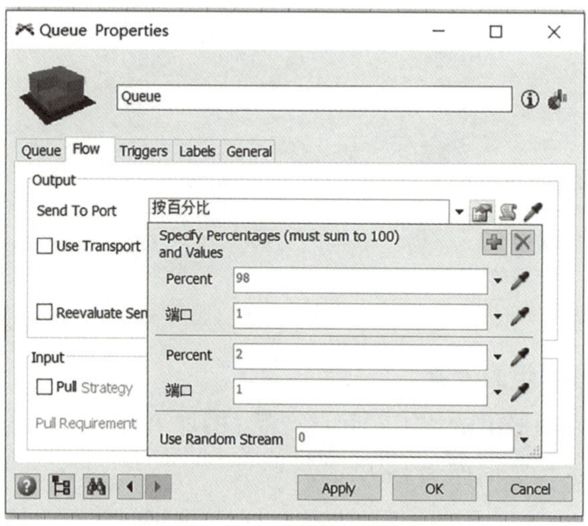

图2-25 检测合格率的设置

9.模型停止时间的设置

FlexSim的默认设置是不会使模型自动停止的。本案例是加工固定总数的产品，故进行相应设置，使得在处理完所有产品后，模型自动停止。

（四）模型的运行

1.重置模型

为了在运行模型前保证系统和模型参数处于初始状态，在仿真控制栏中单击“重置”按钮，重置模型。

2.运行模型

在仿真控制栏中单击“运行”按钮，运行模型。

在仿真进行过程中，可以看到3种不同颜色的产品从系统中流过，经过不同机器组的加工，最后离开系统。

（五）仿真结果

1.生成汇总报告

当仿真运行自动结束后，在FlexSim菜单栏中单击“统计”→“报告与统计”选项，在“报告与统计”对话框中通过增加或移除按钮来增加和减少需要输出的报告内容，使得报告包含6个方面的数据，即idle（空闲时间）、processing（加工时间）、blocked（阻塞时间）、stats staytimeavg（平均停留时间）、stats input（输入）和stats output（输出）。

单击“生成报告”按钮，生成汇总报告，部分见表2-7。

表2-7　汇总报告

Object	Class	stats input	stats output	stats staytimeavg/min	idle/min	processing/min	blocked/min
LathingMachine1	Processor	599	599	4.020033	0	2408	0
LathingMachine2	Processor	607	607	3.963756	0	2406	0
LathingMachine3	Processor	594	594	4.048822	0	2405	0
DrillingMachine1	Processor	604	604	4.64404		2805	0
DrillingMachine2	Processor	598	598	4.685619	5	2802	0
DrillingMachine3	Processor	598	598	4.687291	5	2803	0
GrindingMachine1	Processor	600	600	4	614	2400	0
GrindingMachine2	Processor	600	600	4	616	2400	0
GrindingMachine3	Processor	600	600	4	618	2400	0
MillingMachine1	Processor	900	900	3.338889		3005	0
MillineMachine2	Processor	900	900	3.337778	10	3004	0
TestingMachine1	Processor	939	939	3.206603	30	3011	0
LathingQueue	Queue	1800	1800	752.6228	0	0	0
DrillingQueue	Queue	1800	1800	199.1867	0	0	0
MillingQueue	Queue	1800	1800	100.65	0	0	0
GrindingQueue	Queue	1800	1800	0.065	0	0	0
TestingQueue	Queue	1800	1800	16.25444	0	0	0
Source	Source	0	1800	0	0	0	2151
Sink1	Sink	1800	0	0	0	0	0
TestingMachine2	Processor	861	861	3.500581	30	3014	0
Queue	Queue	1800	1800	0.121361	0	0	0
Conveyor	Conveyor	1800	1800	8	0	0	0
Sink2	Sink	0	0	0	0	0	0

2. 部分仿真结果分析

由表2-10还可以发现，LathingQueue中等待加工的产品等待时间最长，由此可以认为其是整个加工系统的主要瓶颈。如果要提高整体产出率，那么就需要添加LathingMachine机器组的机器。除了LathingMachine机器组，DrillingQueue的平均等待时间也很长，因此也是需要改善的。

思考与练习

1. 练一练

（1）按照混合流水线系统仿真的步骤，改变3种产品的投产顺序，输出相应的仿真报告，并对比各项数据，从中选出最佳方案。

（2）除了案例中所讲的主要瓶颈，系统还存在很多可以改善的地方，请指出并说明理由。

2. 拓展训练

某零配件加工企业接到一个新订单，要为某特变电工变压器有限公司生产一批某特定型号的变压器零件。这是该零配件加工企业第一次与此公司合作，由于此公司在行业内影响力大、市场价值高、经济效益强，该零配件加工企业希望把握此次合作机会，为其提供最优质的服务，企业各层领导也高度重视该生产任务。

按照订单需求，本次需加工10个相同的零件。该零件工艺复杂、特殊性强，经过工程师的研究与设计，该零件需要经过10道加工工序进行加工制造，10道加工工序的编号分别为A、B、C、D、E、F、G、H、I、J。每个零件每道加工工序的加工时间分别为12 min、10 min、20 min、8 min、10 min、14 min、25 min、6 min、18 min、22 min。

按照问题描述及参数进行模型搭建，并运行系统进行数据分析。

任务二工单

1. 任务分组

班级		组号		指导老师	
组长		学号			
小组成员	姓名	学号	角色分工		
			监护人员		
			操作人员		
			记录人员		
			评分人员		

2. 任务实施

序号	任务点	具体工作内容	结果记录
1	学习生产物流系统的构成，对其运作流程及各个区域熟悉了解	阐述生产物流系统的构成	
		阐述生产物流系统的运作流程	
		简单介绍生产物流系统所需的设施设备	
2	学习对生产物流系统布局	根据题目要求进行生产物流系统的流程布局	
		根据题目要求选择合适的设施设备	
		根据流程及设施设备进行简单布局	
3	根据运作流程确定各个实体的连接方式	对模型中的设施设备进行合理连接	
		根据题目要求对实体进行设置	
		模型能正常运行	
4	对系统仿真结果进行分析	对模型产生的结果进行导出并做简单分析	

3. 考核评价

<table>
<tr><th>序号</th><th>技能要求</th><th>评分细则</th><th>配分</th><th>等级</th><th>得分</th></tr>
<tr><td rowspan="4">1</td><td rowspan="4">考勤</td><td rowspan="4">没有无故迟到、早退、旷课现象</td><td rowspan="4">25</td><td>A</td><td rowspan="4"></td></tr>
<tr><td>B</td></tr>
<tr><td>C</td></tr>
<tr><td>D</td></tr>
<tr><td rowspan="4">2</td><td rowspan="4">工作过程</td><td>模型流程合理，设施设备选择合理，自动化立体仓库合理布局</td><td rowspan="4">50</td><td>A</td><td rowspan="4"></td></tr>
<tr><td>根据运作流程对各个实体进行合理连接</td><td>B</td></tr>
<tr><td>对每个实体进行合理设置</td><td>C</td></tr>
<tr><td>态度端正，工作认真，积极主动，能与团队成员进行合作交流</td><td>D</td></tr>
<tr><td rowspan="4">3</td><td rowspan="4">项目成果</td><td>模型可以正常运作，无错误</td><td rowspan="4">25</td><td>A</td><td rowspan="4"></td></tr>
<tr><td>对运作数据进行正确导出</td><td>B</td></tr>
<tr><td>对运作数据进行合理分析</td><td>C</td></tr>
<tr><td>撰写项目报告</td><td>D</td></tr>
</table>

项目三 自动化立体仓库

思政讲堂

1973年，中国开始研制第一座由计算机控制的自动化立体仓库，到2023年为止，中国自动化立体仓库保有量突破1万座。相对于传统仓储的单一货品存储功能，自动化立体仓库以其智能化、自动化的先进物料设备搬运，不仅能使货品在仓储内按需要自动存取，而且可以与仓储以外的生产制造环节开展有机的连接，并通过计算机管理系统和智能化物料设备搬运使仓储成为企业生产制造物流中的另一个关键环节。

科学技术是第一生产力、第一竞争力。在科技强国有力推进的今天，同学们要不断培养创新意识，提升实践能力，学习先进科学文化知识，自觉履行高水平科技自立自强的担当意识。

实训目标

（1）学习如何控制产品出入库的参数设置。

（2）学习利用FlexSim对实际问题进行仿真。

（3）掌握排队系统的参数设置。

（4）学习自动化立体仓库的构成，对其运作流程及各个区域熟悉了解。

（5）学习对自动化立体仓库布局。

（6）根据运作流程确定各个实体的连接方式。

（7）对系统仿真结果进行分析。

任务一　仓储作业系统仿真

任务介绍

某工厂生产3种产品，要求产品按照正态分布的时间间隔到达。产品到达后首先进入暂存区等待检验，操作员需要将产品从暂存区搬运到检验台。工厂共有3个检验台，分别用于检验3种类型的产品，每个检验台在检验产品时需要1个操作员做预置工作。检验后的产品通过传送带到达暂存区排队，由叉车拣取送至货架。其中，产品1送至货架2，产品2送至货架3，产品3送至货架1。

产品到达时间间隔服从均值为20、标准差为2的正态分布，采用0号随机数流。到达产品类型服从1～3的整数均匀分布。检验台前端队列最大容量为25。3个检验台的预置时间都为10 s，检验时间服从均值为30的指数分布。叉车速度为1 m/s，叉车最大容量为10 t，叉车只能沿着规定的路线行驶。

任务分析

一、作业流程

总体结构：本案例主要由生产产品、暂存区、检验区、暂存区、仓储区组成。

二、仓储作业系统设备及布局

（一）仿真实体及功能

仿真实体及功能见表3-1。

表3-1　仿真实体及功能

模型组成	实体	数量	实体功能
入口	发生器	1	产生模型中所描述的实体
暂存区	暂存区	1	等待检验
检验区	处理器	3	检验产品
	操作员	2	将产品搬运至检验台

续表3-1

模型组成	实体	数量	实体功能
暂存区	传送带	3	将检验合格的产品运输至暂存区
	暂存区	1	产品等待入库
仓储区	叉车	1	产品入库
	货架	3	产品的存储

（二）仿真模型设施规划

生产产品→暂存区→检验区→暂存区→仓储区。

相关知识

仓储作业是指从商品入库到商品发送出库的仓储作业全过程。主要包括入库作业、在库管理和出库作业等内容。

一、入库作业

商品入库作业的整个过程包括商品接运、商品入库验收、货物检验、办理入库手续等业务活动。

（一）商品接运

商品接运是指仓库人员对通过铁路、水运、公路、航空等方式运达的商品进行接收和提取的工作。接运的主要任务是准确、齐备、安全地提取和接收商品，为入库验收和检查做准备。接运的方式主要有车站码头提货、铁路专用线接车、自动提货和库内提货。

（二）商品入库验收

验收是指仓库与物流配送中心人员在商品正式入库前，按照一定的程序和手续，对到库商品进行数量和外观质量的检查，以验证它是否符合订货合同规定的一项工作。商品验收过程中包括商品的验收准备工作、核对凭证、确定验收比例、实物检验、记录及问题的处理等阶段。

验收准备工作包括人员准备以及设备、器具、资料、货位等的准备。其中，人员准备包括安排各项检验、验收人员；设备准备包括准备装卸搬运机械和设备等；器具准备包括准备相应的检验工具，并做好事前检查；资料准备包括收集和熟悉验收凭证及有关资料；货位准备包括确定验收入库时商品的存放货位，准备堆码与苫垫所需材料。

进口物资或上级业务主管部门指定需要检验质量的，应通知有关检验部门会同验收。入库商品必须具备下列凭证：货主提供的入库通知单和仓储合同；供货单位提供的验收凭证，包括材质证明书、装箱单、磅码单、发货明细表、说明书、保修卡及合格证等；承运单位提供的运输单证，包括提货通知单和登记货物残损情况的货运记录、普通记录以及公路运输交接单等。

（三）商品检验

商品检验包括数量检验、质量检验、包装检验。

1.数量检验

按商品性质和包装情况，数量检验有三种方法，即计件法、检斤法、检尺求积法。

（1）计件法：按件数供货或以件数为计量单位的商品，做数量验收时的件数清点。

（2）检斤法：对按重量供货或以重量为计量单位的商品，做数量验收时的称重。

（3）检尺求积法：检尺求积是对以体积为计量单位的商品，如木材、竹材、沙石、金属等，先检尺，后根据密度求体积所做的数量验收。

凡是经过数量检验的商品，都应该填写磅码单。在做商品数量验收之前，还应根据商品来源、包装好坏或有关部门规定，确定对到库商品是采取抽验方式还是全验方式。

对于大批量、同包装、同规格且较难损坏的物品，可以采用抽验的方式检验，比例控制为5%～15%。但是在抽验中发现不符合要求的物品较多时，应扩大抽验范围，甚至全验。

对于小批量、包装规格不统一的商品，价值大、梅雨季节生产的、技术不稳定、入库前存储时间较长，或已发现有部分变质的商品，全部应采用全验的方式。

2.质量检验

质量检验包括外观检验、尺寸检验、机械物理性能检验和化学成分检验四种形式。仓库一般只做外观检验和尺寸检验，后两种检验如果有必要，则由仓库技术管理职能部门机构取样，委托专门检验机构检验。

3.包装检验

凡是商品合同对包装有具体规定的，要严格按照规定验收，对于包装的干湿程度，一般是用眼看、手摸的方法进行检查。

（四）办理商品入库手续

商品入库手续主要是指交货单位与库管员之间所办理的交接工作。内容包括商品的检查核对，事故的分析、判定，双方认定，在交库单上签字。库管员一面给交货单位签发接收入库凭证，并将凭证交给会计，统计入账、登记；一面安排仓位，提出保管要求。

（1）交接手续：一般包括接收商品、接收文件和签署单证。其中签署单证指的是向供货单位表明货物已经签收，若有短缺，签署单证则是货主与供货单位交涉的依据。

（2）登账：建立“实物保管明细账”（名称、规格、数量、件数、累计数或结存数、存货人或提货人、批次、金额等），遵循“一物一页”原则。

（3）立卡：商品入库或上架后，将货物名称、规格、数量或出入状态等内容填在物料卡上，称为立卡。物料卡又称为货卡、货牌、料签、料卡等，插放在货架上、商品下方的货架支架上或摆放在货垛正面明显位置。料卡按照其作用，可以分为商品状态卡、商品保管卡。

商品状态卡表明货物所处的业务状态和阶段，可以分别被设置为待检、待处理、合格、不合格等状态。

商品保管卡又可分为标识卡和存储卡，标识卡表明货物名称、规格、供应商、批次等，存储卡主要用于表明商品出入库状态。

二、商品储存

商品储存是指商品在一定时间按一定方式处于流通过程的相对静止状态的存在形式，它是商品流通过程的必要环节。商品储存可以保存商品的使用价值在时间上的延长，并不减少其使用价值在一定时间、一定方式的相对静止状态形成之后，商品的继续流通。商品储存的方法有定位储存、随机储存、分类储存、分类随机储存和共同储存等。

1. 定位储存

定位储存是指每一项商品都有固定的储位，商品在储存时不可互相串位。定位储存通常适用于不同物理、化学性质的商品须控制不同的保管储存条件，或防止不同性质的商品互相影响的情况。采用定位储存方式易于提高在库商品管理和作业效率，减少搬运次数，但需要较多的储存空间。

2. 随机储存

随机储存是指每一个商品的储位都不是固定的，而是随机产生的。由于共同使用储位，可以提高存储区空间的利用率，但增加了商品出入库管理及盘点工作的难度。

3. 分类储存

分类储存是指所有商品按一定特性加以分类，每一类商品固定其储存位置，同类商品不同品种又按一定规则来安排储位。一般根据商品相关性、商品周转率高低、商品体积、商品特性等进行分类安排。

4. 分类随机储存

分类随机储存是指每一类商品有固定的存放储区，但各储区内，每个储位的指定是随机的。其优点是既具有分类储存的部分优点，又可节省储位数量，提高储区利用率。因此，分类随机储存可以兼有定位储存和随机储存的特点。分类随机储存的缺点就是商品出入库管理特别是盘点工作较困难。

5.**共同储存**

共同储存是指在确定知道各商品进出仓库确定时间的前提下，不同商品共用相同的储位，这种储存方式在管理上较复杂，但其储存空间及搬运时间更经济。

实践操作

系统仿真建模

（一）创建实体

从FlexSim左边的实体库中依次拖出所有实体（1个发生器，2个暂存区，1个任务分配器，1个处理器，2个操作员，3个传送带，1个叉车和3个货架）放在右边的模型视图中，并调整至适当的位置。按照图3-1所示布置好模型的位置。

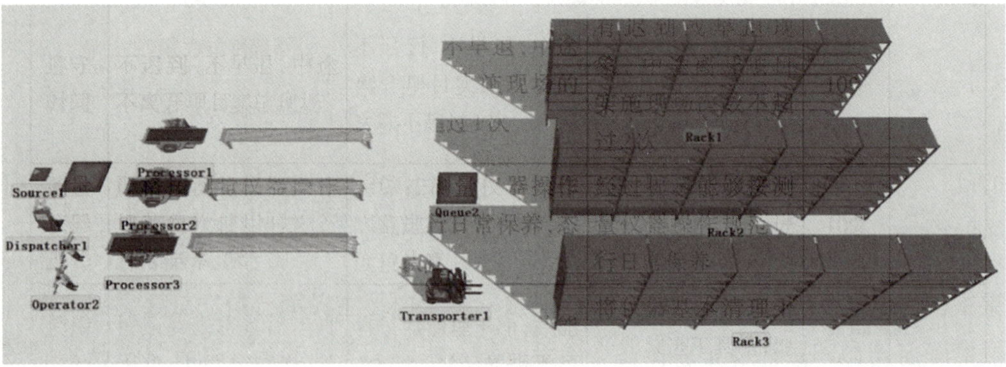

图3-1　模型布局

（二）连接对象

按照产品流动的路径，从发生器开始两两连接对象，产品将沿着连线在对象之间流动，连接时注意连接方向是从起点对象到终点对象，具体连接如下（除特别说明外连接均为A连接）。

模型以下8个部分，连接完成后的模型如图3-2所示。

（1）A连接发生器（Source）到暂存区（Queue）。

（2）A连接暂存区（Queue）到处理器（Processor）。

（3）A连接处理器（Processor）到传送带（Conveyor）。

（4）A连接传送带（Conveyor）到暂存区（Queue）。

（5）A暂存区（Queue）到货架（Rack）。

（6）S连接暂存区（Queue）到任务分配器（Dispatcher）。

（7）S连接任务分配器（Dispatcher）到操作员（Operator）。

（8）S连接暂存区（Queue）到叉车（Transporter）。

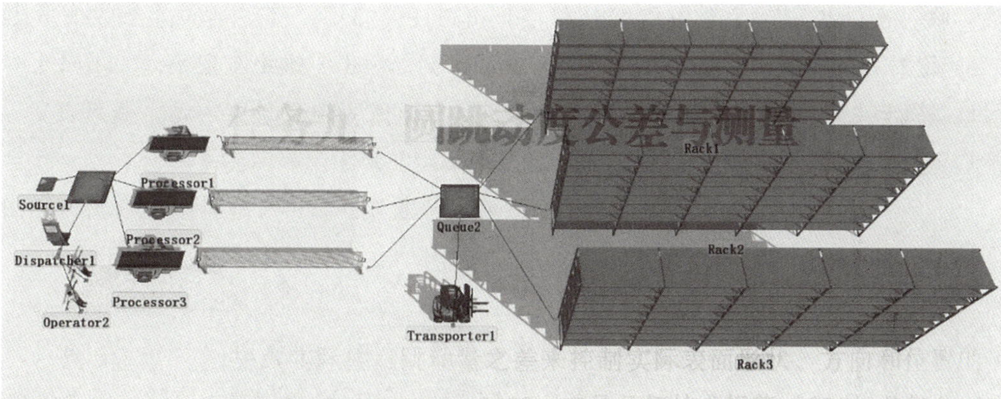

图3-2　连接完成后的模型

（三）实体参数设置

1. 给Source指定临时实体流到达参数

已知产品到达时间间隔服从均值为20、标准差为2的正态分布。双击“Source”弹出属性窗口，单击“发生器”选项卡，在“到达时间间隔”下拉列表中选择“统计分布”，设置为“normal(20,2,0)”，不要关闭属性窗口，继续进行下一步操作，如图3-3所示。

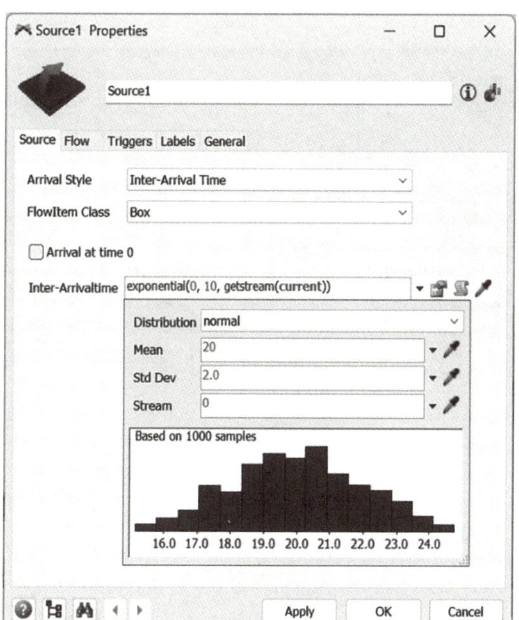

图3-3　设置产品到达时间间隔

在Source的属性窗口中选择“触发器”选项卡，设置产品类型和颜色。单击“创建触发”右边的“+”按钮，选择“数据设置”→“设置临时实体类型和颜色”，设置“临时实体类型”为离散均匀分布“duniform(1，3)”，其中第一个参数为下限(当前定为1)，第二个参数为上限（当前设定为3)，单击“确定”按钮，关闭属性按钮，如图3-4所示。

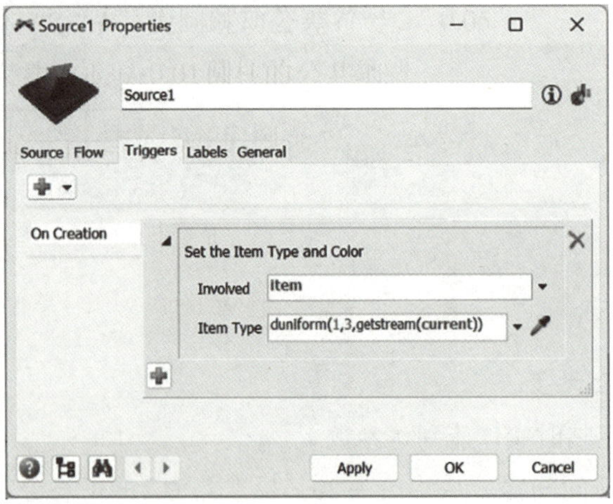

图3-4　设置产品类型及颜色

2. 设置暂存区最大容量、输出路径及操作员

在Queue1的属性窗口中设置其“最大容量”为25，如图3-5所示。

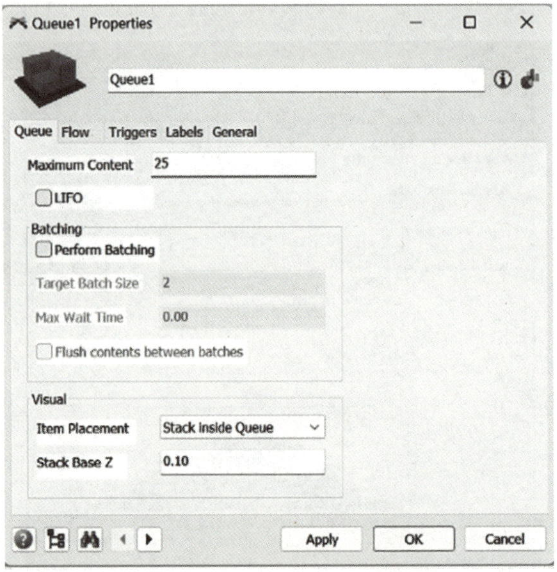

图3-5　暂存区最大容量设置

单击“临时实体流”选项卡，在“发送至端口”的下拉列表中选择“根据不同case选择输出端口”，使产品从与自己类型号一致的输出端口输出。这样产品1从1号端口输出，进入Processor1；产品2从2号端口输出，进入Processor2；产品3从3

号端口输出，进入 Processor3。勾选“使用运输工具”复选框，设置 Queue1 使用操作员进行产品搬运，单击“确定”按钮，关闭属性窗口，如图 3-6 所示。

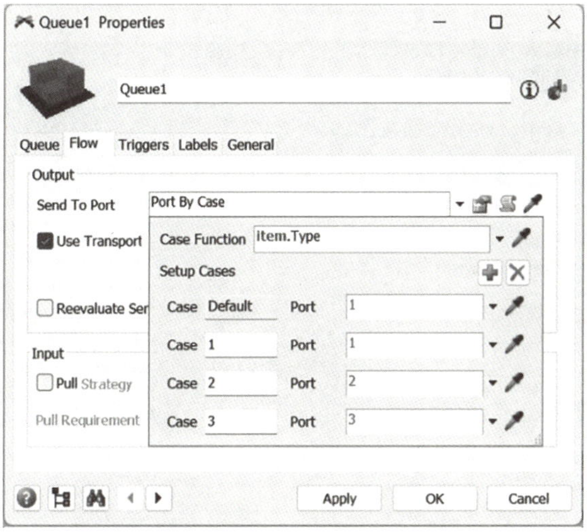

图 3-6 设置暂存区的输出路径及操作员

3. 设置检验台的预置时间和检验时间

已知 3 个检验台的预置时间都为 10 s，检验时间服从均值为 30 的指数分布。双击“Processor1”打开其属性窗口，在“处理器”选项卡中进行设定，如图 3-7 所示。对 Processor2 和 Processor3 也执行同样的操作。

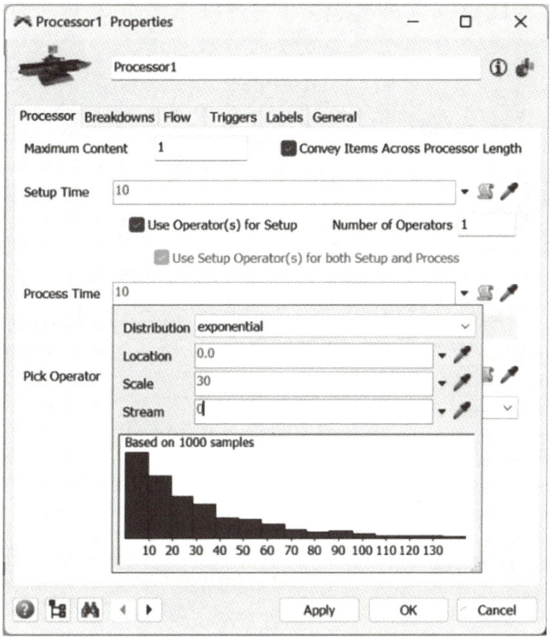

图 3-7 设置检验台的参数

4. 设置 Queue2 的最大容量、发送至端口和叉车

在 Queue2 的属性窗口中设置其“最大容量”为“10”，如图3-8所示。

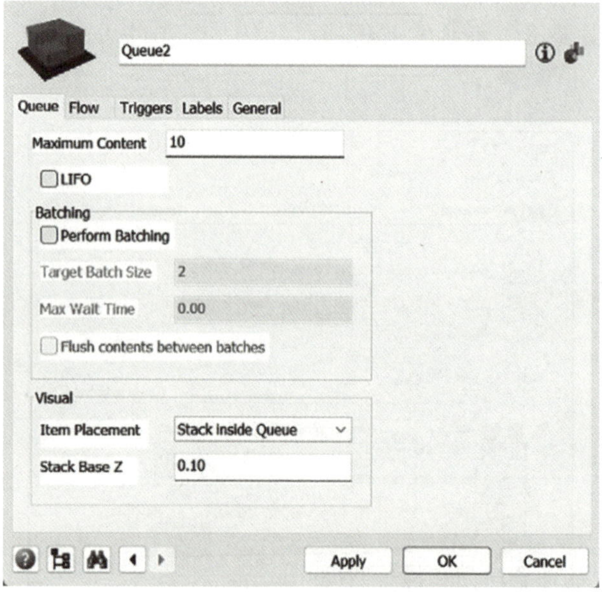

图3-8　设置　Queue2的最大容量

单击“临时实体流”选项卡，在“发送至端口”下拉列表中选择“根据不同Case选择输出端口”，修改对应的Case与端口，表示产品1送至货架2，产品2送至货架3，产品3送至货架1，在“临时实体流”选项卡中，勾选“使用运输工具”复选框，如图3-9所示。

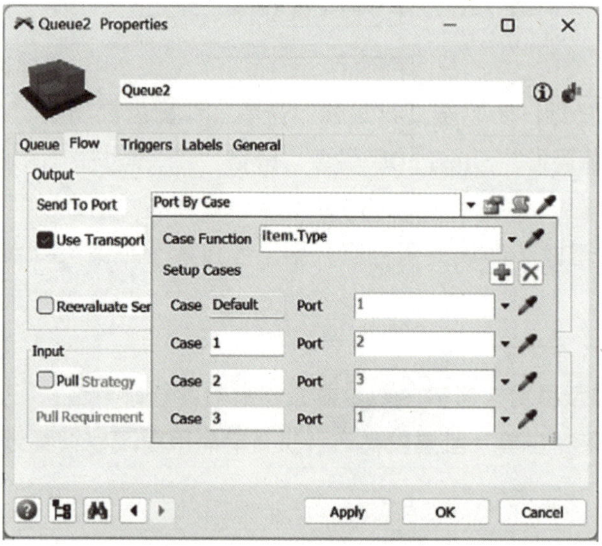

图3-9　　Queue2的输出路径及叉车

5.创建路径网络

从实体库中拖出4个网络节点放在Queue2和每个货架（Rack）旁边，分别命名为NN1、NN2、NN3和NN4，如图3-10所示。

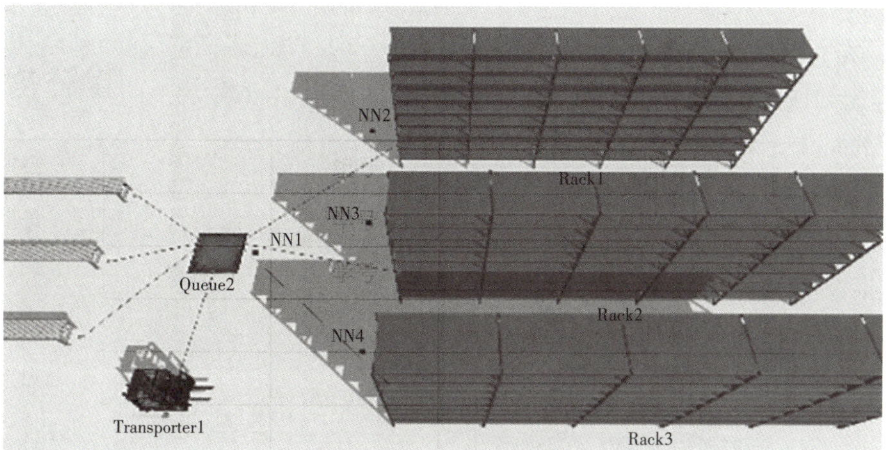

图3-10　创建网络节点

用A连接将NN1连接到NN2、NN3和NN4。每条对应连线均带有方向相对的两个箭头（图中3对方向相对的箭头为绿色）。

用A连接将NN1连接到Queue2，NN2连接到Rack1，NN3连接到Rack2，NN4连接到Rack3。连线①、②、③、④显示为蓝色的线。

用A连接将NN1连接到Transporter1，连线⑤为1条红色的线，如图3-11所示。所选择的连接到叉车的那个节点将成为重置和运行模型时叉车的起始位置。

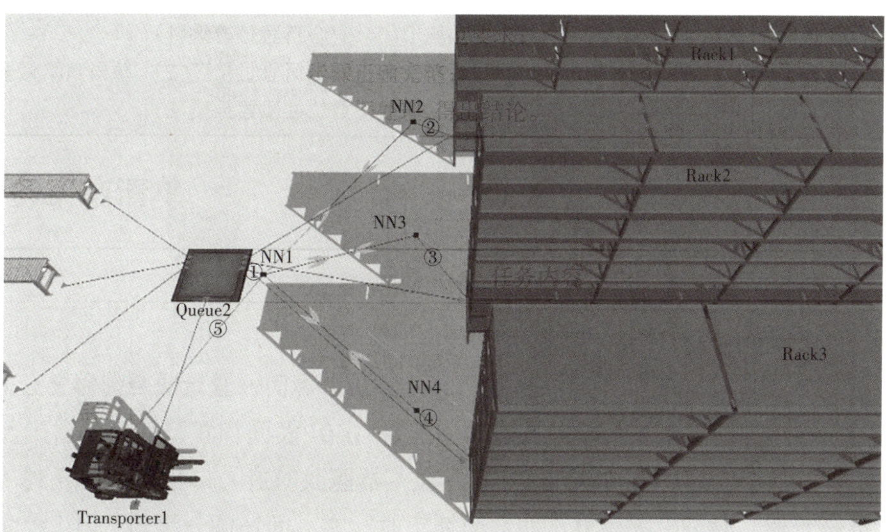

图3-11　网络节点与实体相连

（四）模型的运行

1. 重置模型

为了在运行模型前保证系统和模型参数处于初始状态，在仿真控制栏中单击“重置”按钮，重置模型。

2. 运行模型

单击“运行”按钮运行模型，设置模型运行时间为28800 s。

（五）汇总报告及状态报告

在菜单栏中单击“统计”，选择“报告与统计”，弹出“报告与统计”对话框。在“汇总报告”选项卡中，设置报告属性，如图3-12所示，汇总报告见表3-2。单击“生成报告”按钮。

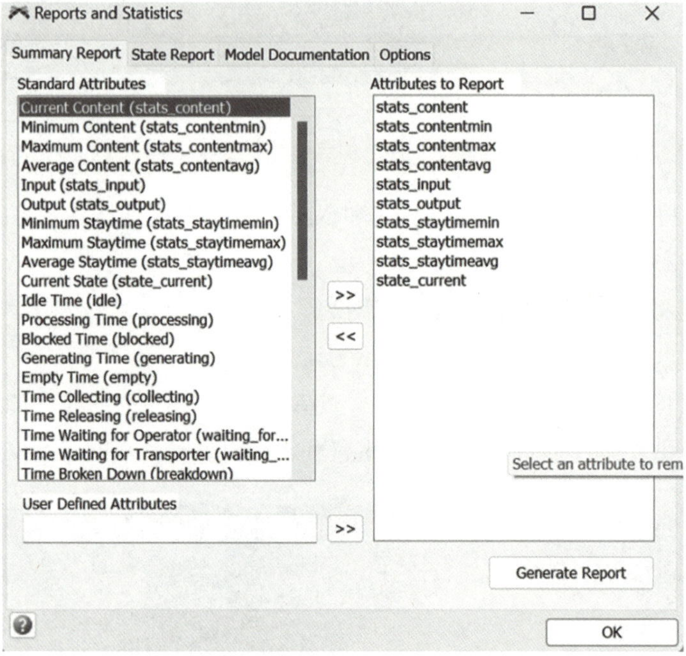

图3-12　汇总报告

表3-2　汇总报告

Object	Class	stats_content	stats_contentmin	stats_contentmax	stats_contentavg	stats_input	stats_output	stats_staytimemin	stats_staytimemax	stats_staytimeavg	state_current
Source1	Source	0	0	0	0	0	1270	0	123.2825	2.772772	5
Queue1	Queue	23	0	25	20.09267	1270	1247	2.293574	2232.806	452.9207	8
Processor1	Processor	1	0	1	0.579493	410	409	10.02266	141.2303	40.69567	2
Processor2	Processor	0	0	1	0.623773	439	439	10.24565	255.779	40.92176	1

续表3-2

Object	Class	stats_content	stats_contentmin	stats_contentmax	stats_contentavg	stats_input	stats_output	stats_staytimemin	stats_staytimemax	stats_staytimeavg	state_current
Processor3	Processor	1	0	1	0.836177	398	397	10.09344	954.8318	60.4774	4
Dispatcher1	Dispatcher	0	0	0	0	0	0	0	0	0	0
Operator1	Operator	0	0	1	0.027322	269	269	2.282201	4.262466	2.925129	1
Operator2	Operator	0	0	1	0.105289	978	978	2.277369	4.314078	3.100546	1
Queue2	Queue	10	0	10	9.590584	1226	1216	5.342957	302.2359	226.0676	10
Rack1	Rack	379	0	379	167.6238	379	0	0	0	0	1
Rack2	Rack	405	0	405	213.2566	405	0	0	0	0	1
Rack3	Rack	432	0	432	226.0537	432	0	0	0	0	1
Transporter1	Transporter	0	0	1	0.517323	1216	1216	7.115724	17.03133	12.25239	14

在“报告与统计”中，弹出“报告与统计”对话框。在“状态报告”选项卡中，设置报告属性，如图3-13所示，结果见表3-3。单击“生成报告”按钮。

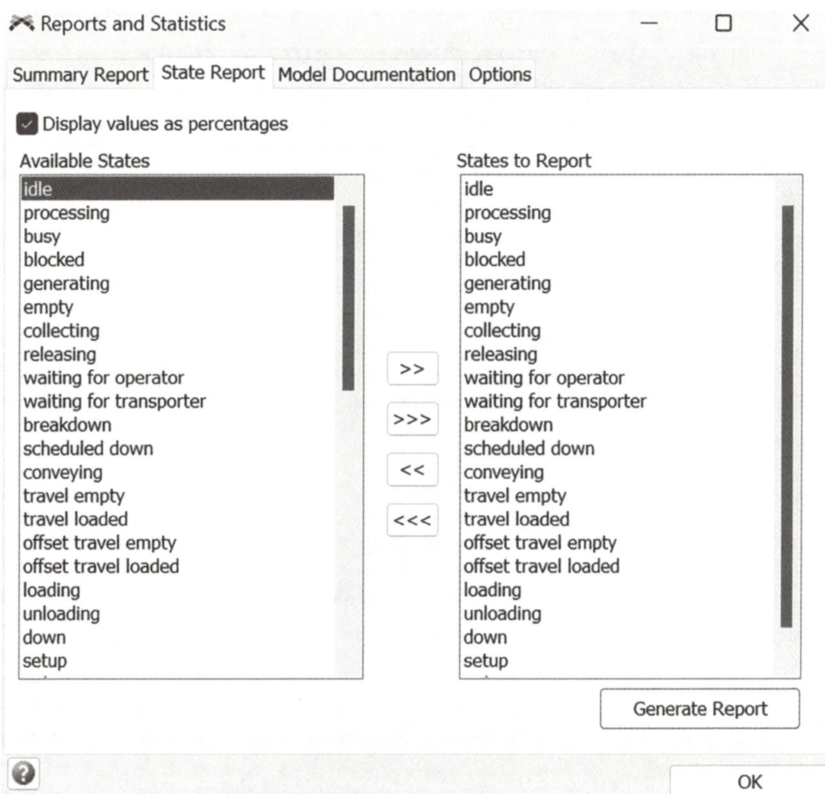

图3-13　状态报告

表 3-3　状态报告

Object	idle	processing	empty	releasing	waiting for operator	waiting for transporter	setup	utilize
Source1	0.00%	0.00%	0.00%	0.00%	0.00%	0.00%	0.00%	0.00%
Queue1	0.00%	0.00%	0.83%	98.98%	0.00%	0.19%	0.00%	0.00%
Processor1	42.05%	41.26%	0.00%	0.00%	2.45%	0.00%	14.24%	0.00%
Processor2	37.62%	45.78%	0.00%	0.00%	1.36%	0.00%	15.24%	0.00%
Processor3	16.38%	38.83%	0.00%	0.00%	2.64%	0.00%	13.82%	0.00%
Dispatcher1	0.00%	0.00%	0.00%	0.00%	0.00%	0.00%	0.00%	0.00%
Operator1	60.07%	0.00%	0.00%	0.00%	0.00%	0.00%	0.00%	29.76%
Operator2	64.52%	0.00%	0.00%	0.00%	0.00%	0.00%	0.00%	13.54%
Queue2	0.00%	0.00%	0.43%	0.00%	0.00%	99.57%	0.00%	0.00%
Rack1	100.00%	0.00%	0.00%	0.00%	0.00%	0.00%	0.00%	0.00%
Rack2	100.00%	0.00%	0.00%	0.00%	0.00%	0.00%	0.00%	0.00%
Rack3	100.00%	0.00%	0.00%	0.00%	0.00%	0.00%	0.00%	0.00%
Transporter1	0.34%	0.00%	0.00%	0.00%	0.00%	0.00%	0.00%	0.00%

（六）分析仿真结果

（1）Source 在 28800 s 内共入库 1270 件产品。

（2）Processor1、Processor2 和 Processor3 的空闲率分别为 42.05%、37.62% 和 16.38%，等待操作员作业时间仅占 2.45%、1.36% 和 2.64%，表明 3 个检验台可以满足产品的检验需求，操作员对其影响不大。

（3）Queue1 在 8 h 内最少有 0 件产品，最多有 25 件产品，平均有 20.09 件产品。每件产品 Queue1 中的最短停留时间为 2.29 s，最长停留时间为 2232.80 s，平均停留时间为 452.92 s。Queue1 有 0.00% 的时间处于空闲状态，有 0.00% 的时间用于等待操作员，故 Queue1 可顺畅运转，操作员对其影响不大。

（4）Queue2 在 28800 s 内最少有 0 件产品，最多有 10 件产品，平均有 9.59 件产品。每件产品在 Queue2 中的最短停留时间为 5.34 s，最长停留时间为 302.23 s，平均停留时间为 226.06 s。Queue2 有 0.00% 的时间处于空闲状态，有 99.57% 的时间用于等待叉车，故 Queue2 不能顺畅运转，1 台叉车不能满足搬运需求。

（5）Operator1 和 Operator2 的利用率分别为 29.76% 和 13.54%，这表明操作员的利用率高，2 名操作员可以满足 Queue1 和 3 个检验台的需求。

（6）Tansporter1 的空闲率为 0.34%，表明 1 台叉车不能满足 Queue2 产品的搬运需求。

（7）在 28800 s 内，叉车将 432 件产品 1 送至 Rack3，将 379 件产品 2 送至 Rack1，将 405 件产品 3 送至 Rack2。

综上可知，1 台叉车不能满足该仓储系统的需求。

思考与练习

1. 按照模型的分析结果进行模型优化。

2. 尝试自己设置仓储作业系统，要使用到决策点和运输工具的固定路线运输。

任务一工单

1. 任务分组

<table>
<tr><td>班级</td><td></td><td>组号</td><td></td><td>指导老师</td><td></td></tr>
<tr><td>组长</td><td></td><td>学号</td><td colspan="3"></td></tr>
<tr><td rowspan="5">小组成员</td><td>姓名</td><td>学号</td><td colspan="3">角色分工</td></tr>
<tr><td></td><td></td><td colspan="3">监护人员</td></tr>
<tr><td></td><td></td><td colspan="3">操作人员</td></tr>
<tr><td></td><td></td><td colspan="3">记录人员</td></tr>
<tr><td></td><td></td><td colspan="3">评分人员</td></tr>
</table>

2. 任务实施

<table>
<tr><th>序号</th><th>任务点</th><th>具体工作内容</th><th>结果记录</th></tr>
<tr><td rowspan="3">1</td><td rowspan="3">学习自动化立体仓库的构成，对其运作流程及各个区域熟悉了解</td><td>阐述仓储作业系统的构成</td><td></td></tr>
<tr><td>阐述仓储作业的运作流程</td><td></td></tr>
<tr><td>简单介绍仓储作业所需的设施设备</td><td></td></tr>
<tr><td rowspan="3">2</td><td rowspan="3">学习对自动化立体仓库的布局</td><td>根据题目要求进行仓储作业流程布局</td><td></td></tr>
<tr><td>根据题目要求选择合适的设施设备</td><td></td></tr>
<tr><td>根据流程及设施设备进行简单布局</td><td></td></tr>
<tr><td rowspan="3">3</td><td rowspan="3">根据运作流程确定各个实体的连接方式</td><td>对模型中的设施设备进行合理连接</td><td></td></tr>
<tr><td>根据题目要求对实体进行设置</td><td></td></tr>
<tr><td>模型能正常运行</td><td></td></tr>
<tr><td>4</td><td>对系统仿真结果进行分析</td><td>对模型产生的结果进行导出并做简单分析</td><td></td></tr>
</table>

3. 考核评价

序号	技能要求	评分细则	配分	等级	得分
1	考勤	没有无故迟到、早退、旷课现象	25	A	
				B	
				C	
				D	
2	工作过程	模型流程合理，设施设备选择合理，自动化立体仓库合理布局	50	A	
		根据运作流程对各个实体进行合理连接		B	
		对每个实体进行合理设置		C	
		态度端正，工作认真，积极主动，能与团队成员进行合作交流		D	
3	项目成果	模型可以正常运作，无错误	25	A	
		对运作数据进行正确导出		B	
		对运作数据进行合理分析		C	
		撰写项目报告		D	

任务二　自动化立体仓库仿真

任务介绍

某工厂生产4种产品，产品按正态分布的时间间隔到达，产品类型在4种产品之间均匀分布。产品到达后进入队列等待检验。操作员需要将产品从队列搬运到检验台。共有1个检验台，用于检验4种类型的产品，检验台在检验产品时需要1个操作员做预置工作。检验后的产品通过传送带到达缓冲区排队，由叉车拣取送至货架。其中，产品1送至货架1组，产品2送至货架2组，产品3送至货架3组，产品4送至货架4组。

产品到达时间间隔服从均值为20、标准差为2的正态分布，采用0号随机数流。到达产品类型服从1～3的整数均匀分布。检验台前端队列最大容量为25。检验台的预置时间为10 s，检验时间服从均值为30的指数分布。叉车速度为1 m/s，叉车最大容量为10 t。

任务分析

一、自动化立体仓库的作业流程

（一）自动化立体仓库的总体结构

自动化立体仓库是当前技术水平较高的物流形式。自动化立体仓库的主体由货架、堆垛起重机、入（出）库工作台和自动运进（出）及操作控制系统组成。货架是钢结构或钢筋混凝土结构的建筑物或结构体，货架内是标准尺寸的货位空间。堆垛起重机穿行于货架之间的巷道中，完成存货、取货的工作。管理上采用计算机及条形码技术。

自动化立体仓库提高了仓储管理、物资调动和作业的准确率，同时提高了物流速度。大量的管理信息由计算机数据库系统存储，计算机控制自动设备连续作业，并由计算机的逻辑判断进行合理的货位选择，保证了仓储管理的高效率。

（二）自动化立体仓库的系统作业流程

产品运送到仓库以后，首先在理货区进行验收、理货，并按码盘工艺要求将成件产品集中码放在托盘上，使之成为托盘化的产品。托盘化的产品由输送机传送到入库站台，由堆垛起重机沿巷道运行到货架指定货位放置产品，完成产品的入库流程，出库时，堆垛起重机行驶到指定的货位处，取出托盘化的产品放在输送机上，输送机将产品送到出库站台，由叉车运到出库口。

二、自动化立体仓库设计及布局

仿真实体及功能见表3-4。

表3-4 仿真实体及功能

模型组成	实体	数量	实体功能
入库区	发生器	1	产生模型中所描述的四类实体
	暂存区	1	堆放进库产品
	操作员	1	将实体搬运到暂存区
理货检查区	传送带	若干	把产品输送到检验台
	处理器	3	检验产品是否符合质量要求
	叉车	1	把产品从处理器搬运到传送带
储存区	传送带	若干	把产品输送到储存区
	货架	8	存储产品
	堆垛起重机	4	码放产品
出库区	暂存区	1	存放出库产品
	叉车	1	进行产品搬运
	升降平台	1	将二楼的出库产品搬运到一楼

三、仿真模型设施规划

自动化立体仓库运作流程如图3-14所示。

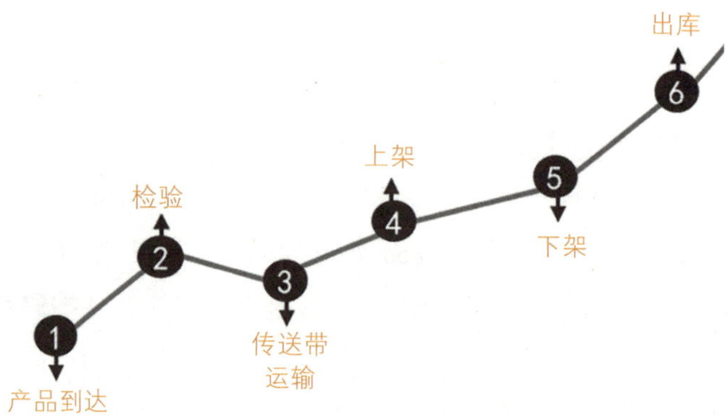

图3-14 自动化立体仓库运作流程

相关知识

一、自动化立体仓库的定义

自动化高层货架仓库是指用高层货架储存货物，以堆垛起重机配合周围其他装卸搬运系统进行存取出入库作业，并由计算机全面管理和控制的一种自动化仓库。我们将自动化高层货架仓库又称为自动化立体仓库。

二、自动化立体仓库的特点

自动化立体仓库因其具有存储量大、存储效率高、自动化和信息化水平高等优点，越来越得到人们的广泛认同和普遍使用。

三、自动化立体仓库的分类

自动化立体仓库的分类见表3-5。

表3-5　自动化立体仓库的分类

分类依据	仓库种类	备　注
按照仓库功能分类	长件型自动化立体仓库	实现大件物品的顺利搬运、保管，适用于板材、铝材、玻璃等。通过联机自动化方式，可对仓库设备进行控制，达到货物调配、生产、衔接等系统管理功能
	低温型自动化立体仓库	适用于食品、药品等行业需要对保管货物进行严格温度控制的领域，可以实现仓库不同区域不同温度的控制需求。出入库搬运自动化，货物的出入库、保管、搬运全部实现自动化，可以避免人工作业对操作工人的伤害。保证实现货物的先进先出，因为用计算机进行仓库管理，先进先出变得容易，保证了保管货物的品质
	高层托盘型自动化双柱立体仓库	适用于更高层的场合，专为20 m以上的立体仓库设计的双柱堆垛起重机，在大规模自动化立体仓库中发挥着快速、高效的作用。最大承载重量可达5 t，特别适合单元货物较重的立体仓库系统。在这样的场合，仓库建筑和立体仓库货架连成一体、库架一体式立体仓库得到应用
	高速货盒型自动化立体仓库	适用于保管品种多、数量少、占用体积小的物品。最大荷载50 kg。仓库高度可灵活设置，货箱尺寸灵活，最大尺寸宽420 mm，长700 mm，高100~500 mm。运行高速化，最高速度可达250 m/min，变频调速使运行更平稳。操作安全简单，计算机界面采用人机对话方 式，操作步骤清晰明了

续表3-5

分类依据	仓库种类	备　注
按照建筑形式分类	自立式钢架存储系统	
	一体式钢架存储系统	
按照设备形式分类	单位负载式自动立体仓库	
	开放式钢架	
	封闭式钢架	
	推回式钢架	
	重力式钢架	
	水平式钢架子母车系统	

四、自动化立体仓库的设施设备

（一）高层货架

高层货架是立体仓库的主要构筑物，是保管物料的场所。高层货架仓库的主要特征是高密度货架，高度和长度较大，排列较多，巷道较窄。典型的高层货架仓库的高度多在10 m以上。

（二）堆垛起重机

堆垛起重机是指采用货叉或串杆作为取物装置，在仓库、车间等处拿取、搬运和堆垛，或从高层货架上取放单元货物的专用起重机。它是一种仓储设备，由机架（上横梁、下横梁、立柱）、水平行走机构、提升机构、载货台、货叉及电气控制系统构成。

（三）输送机

输送机是自动化立体仓库的主要外围设备，负责将货物运送到堆垛起重机或用堆垛起重机将货物移走。输送机的种类非常多，常见的有链条输送机、升降台、分配车、提升机、皮带机等。

（四）AGV系统

该系统可以自动引导小车。根据其导向方式分为感应式导向小车和激光导向小车。

（五）自动控制系统

该系统是驱动自动化立体仓库系统各设备的自动控制系统，目前以采用现场总线方式控制模式为主。

（六）库存信息管理系统

该系统也称中央计算机管理系统，是自动化立体仓库系统的核心。目前典型的自动化立体仓库系统均采用大型的数据库系统（如ORACLE，SYBASE等）构筑典型的客户机/服务器体系，可以与其他系统（如ERP系统等）联网或集成。

（七）电气与电子设备

自动化立体仓库中的电气与电子设备主要指检测装置、信息识别装置、控制装置、通信设备、监控调度设备、计算机管理设备等。此外，还有一些特殊要求的自动化仓库。例如，储存冷冻食品的自动化立体仓库，环境温度要进行检测和控制；储存感光材料的自动化立体仓库，要使整个仓库内部完全黑暗，以免感光材料失效而造成产品报废；储存某些药品的自动化立体仓库，对仓库的温度、气压等均有一定要求。因此，这些自动化立体仓库通常需要特殊处理。

实践操作

系统仿真建模

（一）创建实体

用鼠标从实体库中拖出1个发生器（Source）、2个暂存区（Queue）、1个操作员（Operator）、1个处理器（Processor）、若干传送带（Conveyor）、4个货架（Rack），2个堆垛起重机（ASRSvehicle），2个叉车到模型视图中，按照图3-15所示布置好模型的一楼位置。

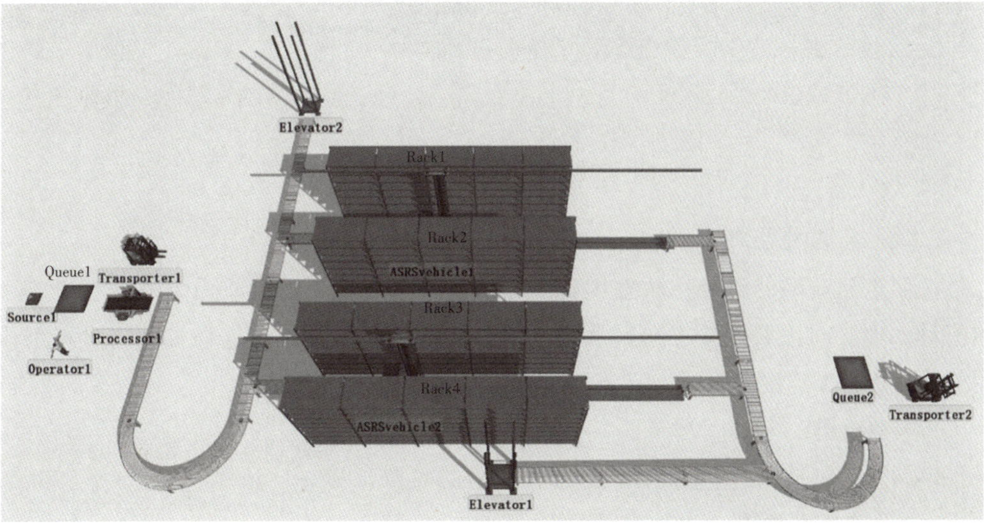

图3-15　模型一楼布局

用鼠标从实体库中拖出若干传送带（Conveyor）、4个货架（Rack）、两个堆垛起重机（ASRSvehicle）到模型视图中，按图3-16所示布置好模型的二楼位置。

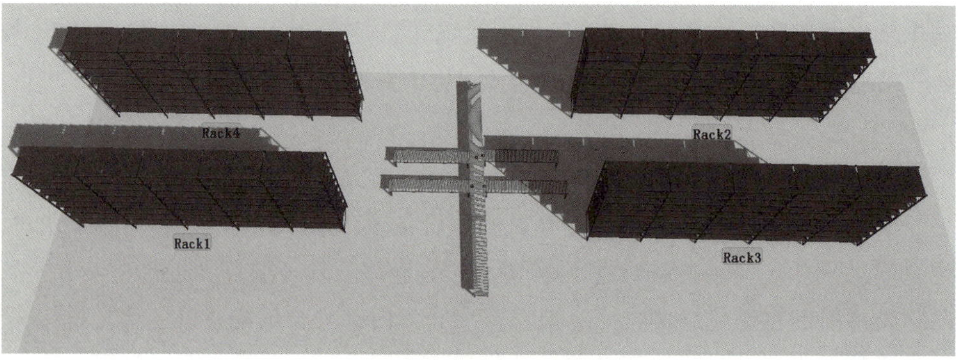

图3-16　模型二楼布局

模型整体布局如图3-17所示。

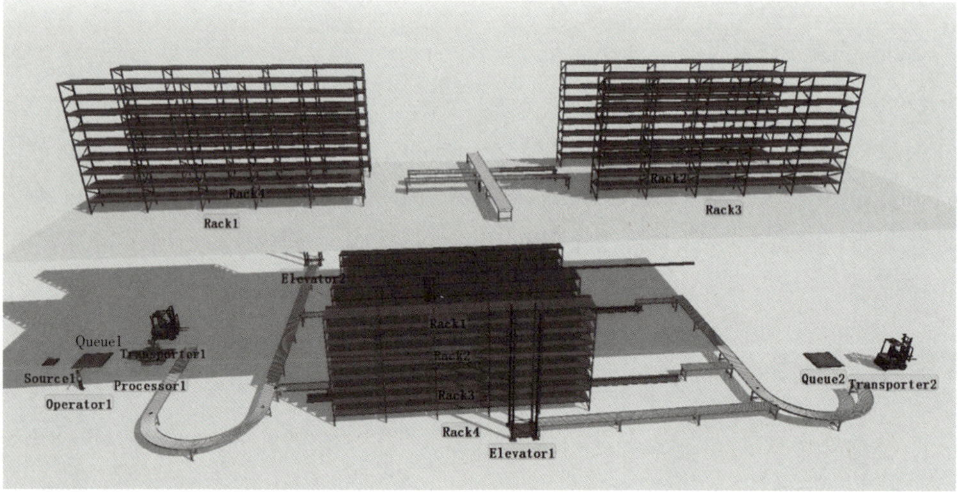

图3-17　模型整体布局

（二）连接对象

按照产品流动的路径，从发生器开始两两连接对象，产品将沿着连线在对象之间流动，连接时注意连接方向是从起点对象到终点对象，具体连接如下（除特别说明外连接均为A连接）。

1.模型一层

模型一层包括以下7个部分，连接完成后的模型如图3-18所示。

（1）A连接发生器（Source）到暂存区（Queue）。

（2）A连接暂存区（Queue）到处理器（Processor）。

（3）S连接暂存区（Queue）到操作员（Operator）。

（4）A连接处理器（Processor）到传送带（Conveyor）（传送带之间都是A连接）。

（5）A连接传送带（Conveyor）到货架（Rack）（每个货架都需要连接）。

（6）S连接传送带（Conveyor）到堆垛起重机（ASRSvehicle）。

（7）S连接堆垛起重机（ASRSvehicle）到货架（Rack）。

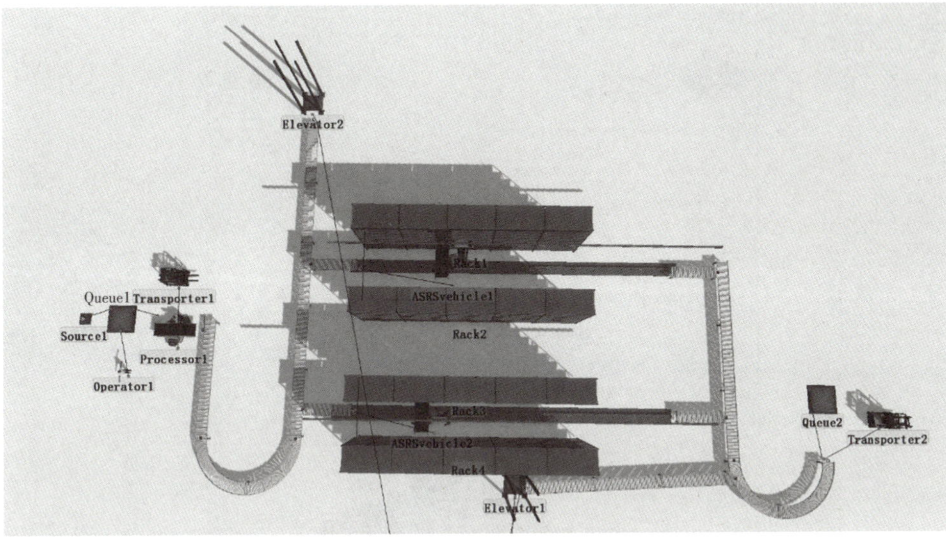

图3-18　一楼连接完成后的模型

2.模型二层

模型二层包括以下3个部分，连接完成后的模型如图3-19所示。

（1）A连接传送带（Conveyor）到货架（Rack）（每个货架都需要连接）。

（2）S连接传送带（Conveyor）到堆垛起重机（ASRSvehicle）。

（3）S连接堆垛起重机（ASRSvehicle）到货架（Rack）。

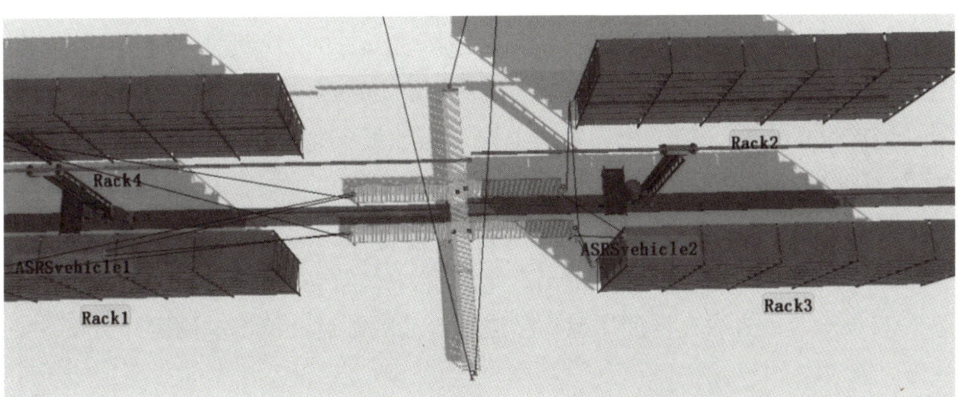

图3-19　二楼连接完成后的模型

3. 设置产品到达时间

已知产品到达时间间隔服从均值为20、标准差为2的正态分布。双击“Source”弹出属性窗口，单击“发生器”选项卡，在“到达时间间隔”下拉列表中选择“统计分布”，设置为“normal（10，2，0）”，如图3-20所示，不要关闭属性窗口，继续进行下一步操作。

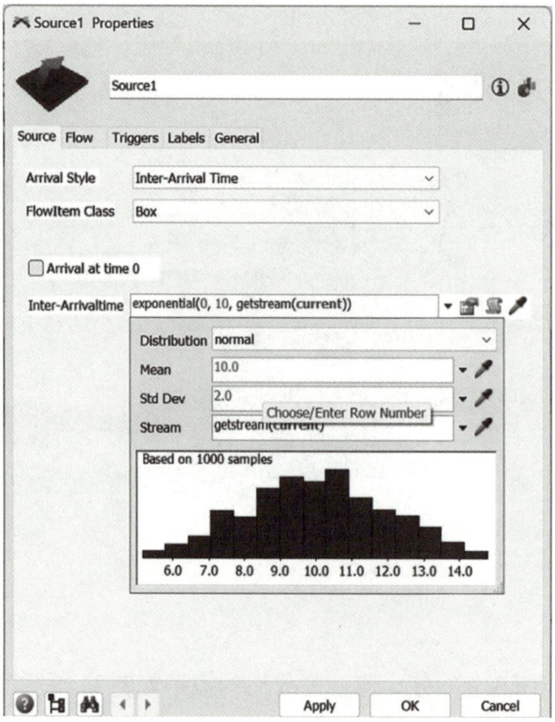

图3-20　设置产品到达时间间隔

4. 产品类型和颜色

双击“Source”弹出属性窗口，单击“触发器”选项卡，设置产品的类型和颜色。单击“创建触发”右边的“+”按钮，选择“On Exit”，“设置临时实体类型和颜色”，设置“临时实体类型”为离散均匀分布“duniform(1，4)”，其中第一个参数为下限（当前设置为1），第二个参数为上限（当前设置为4），如图3-21所示，单击“确定”按钮，关闭属性窗口。

5. 设置暂存区

双击“暂存区”，在“临时实体流”选项卡中，勾选“使用运输工具”复选框，如图3-22所示，设置暂存区使用操作员进行产品的搬运，单击“确定”按钮，关闭属性窗口。

图 3–21　设置产品到达时间间隔

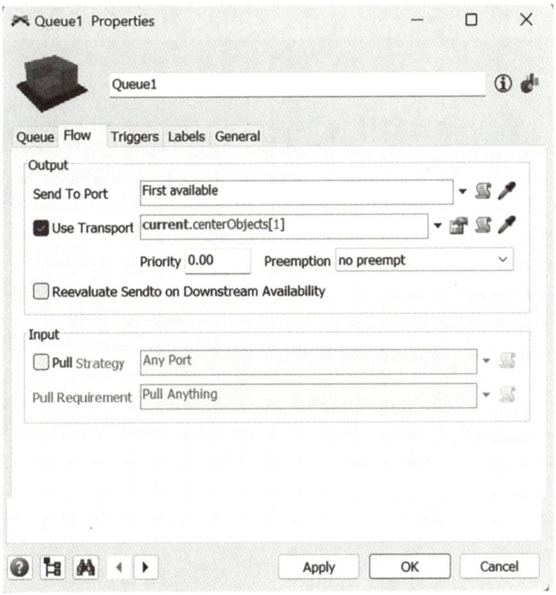

图 3–22　设置暂存区的输出途径及操作员

6. 设置检验台的预置时间和检验时间

已知检验台的预置时间为 10 s，检验时间服从均值为 30 的指数分布。双击“处理器”打开其属性窗口，在“处理器”选项卡中进行设定，如图 3–23 所示。设置预置时间为 10 s。设置检验时间，在“加工时间”的下拉列表中选择“统计分布”，设置“exponential(0，30，0)”。

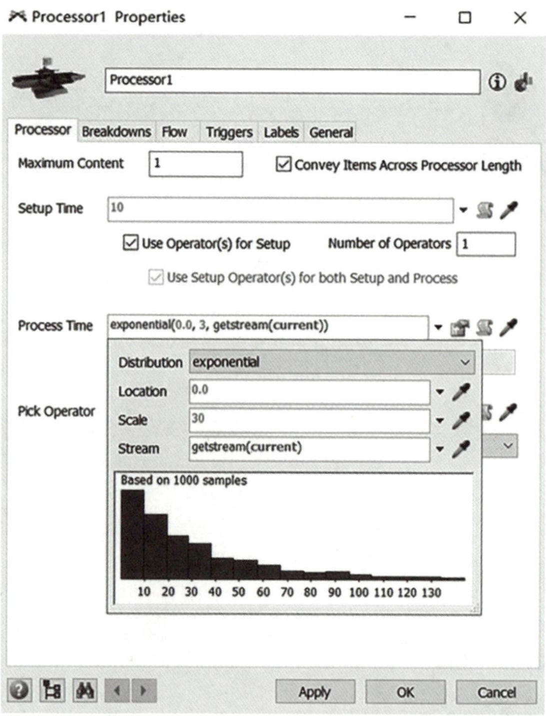

图3-23　设置处理器参数

双击“处理器”，在“临时实体流”选项卡中，勾选“使用运输工具”复选框，如图3-24所示，设置暂存区使用叉车进行产品的搬运，单击“确定”按钮，关闭属性窗口。

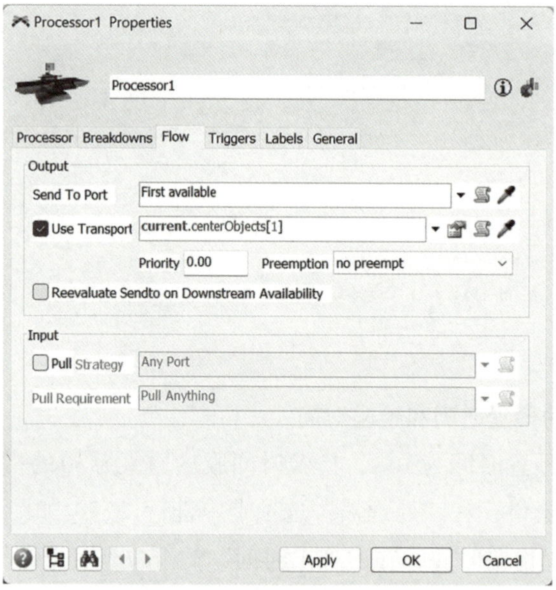

图3-24　设置处理器的输出途径

7.堆垛起重机

如图3-25所示，传送带与第一组货架之间A连接，与堆垛起重机S连接，注意S连接的是传送带前面的小方块。

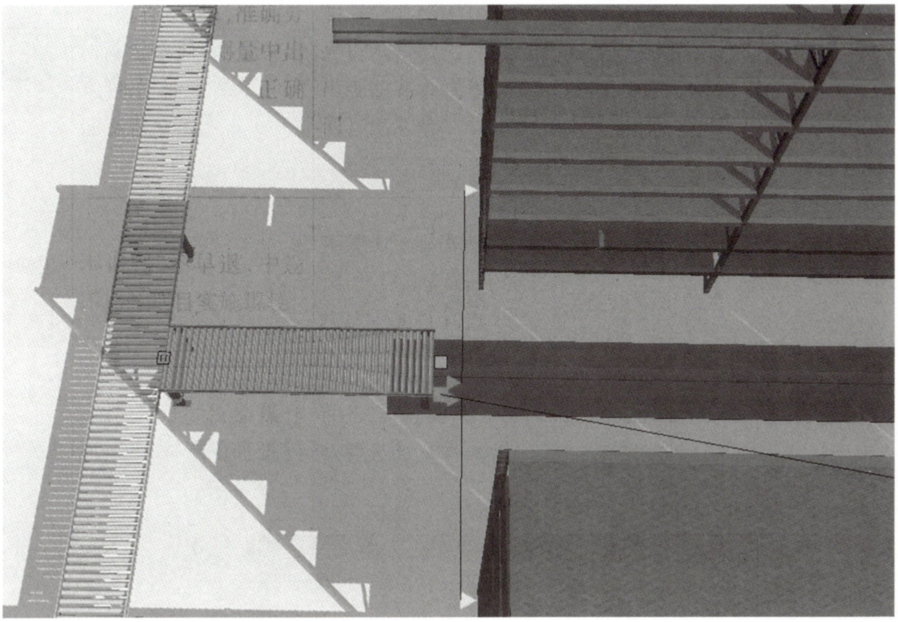

图3-25　传送带与堆垛起重机的连接

双击传送带前面的小方块，勾选“使用运输工具”复选框，如图3-26所示。

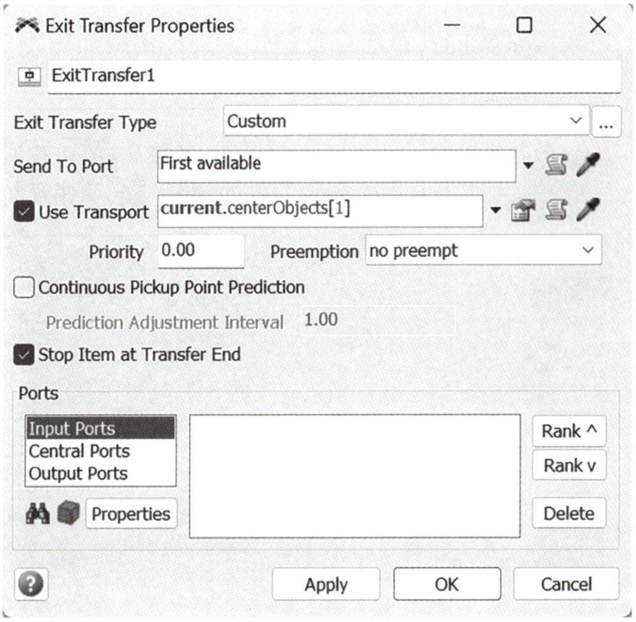

图3-26　设置传送带的输出途径

8. 设置二楼层高

二楼所有实体的高度设置成15，如图3-27所示。

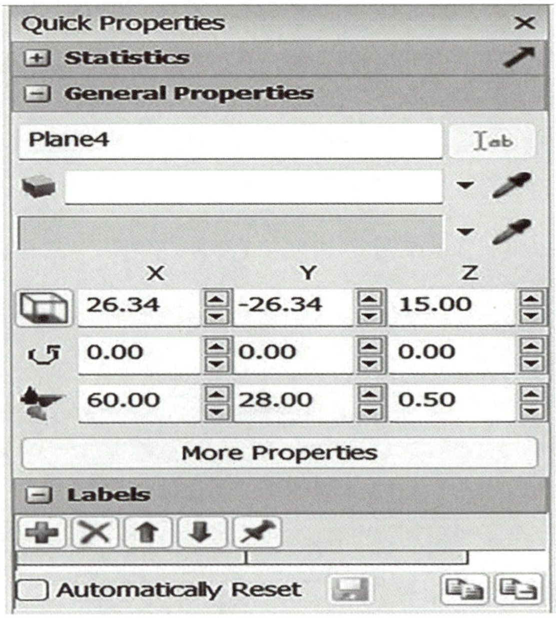

图3-27　设置二楼层高

一楼到二楼的实体流入用弯曲的传送带，而二楼到一楼的实体流出用升降平台，用法和堆垛起重机相似，不再赘述。

9. 实体的分区入库

选择决策点（Decision Point）布局在传送带上，一楼的如图3-28所示，二楼的如图3-29所示。

图3-28　一楼决策点的布置

图3-29 二楼决策点的布置

使用A连接，分别将第一个决策点与其他决策点连接。双击第一个决策点，在“触发器”选项卡单击“创建触发”右边的“+”按钮，在到达选项中，选择“Send Item By Case”，将实体送到对应的端口，让第一类产品存放在第一组货架上，第二类产品存放在第二组货架上，以此类推，如图3-30所示。

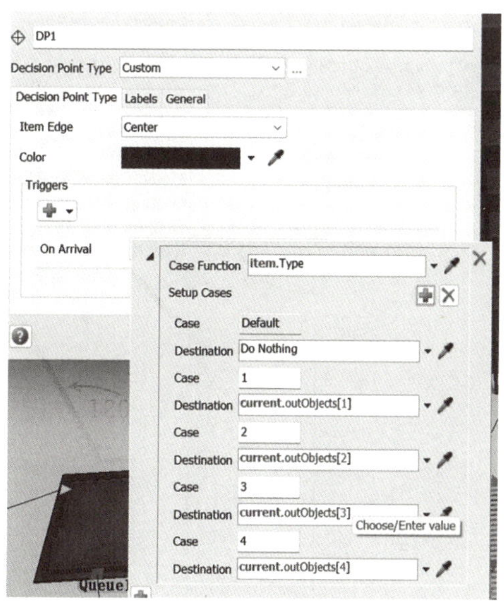

图3-30 决策点设置

（三）仿真结果

1.生成汇总报告

模型运行1000 s后停止运行，在菜单栏中选择“Global preferences”，如图3-31所示。

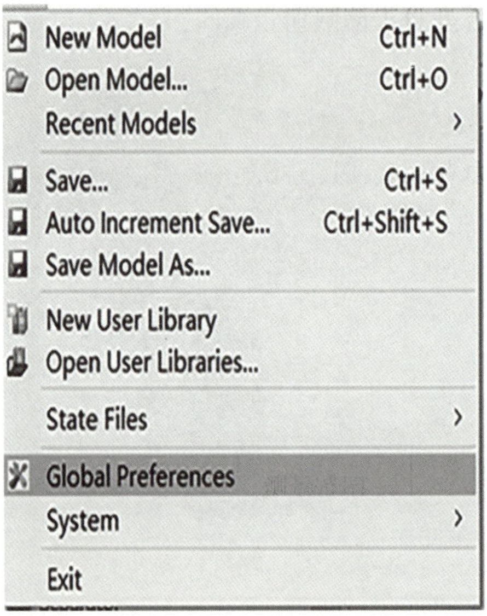

图3-31 选择全局参数表

选择“Customize Toolbal”将“Reports and Statistics”选中以后添加到右侧，如图3-32所示。

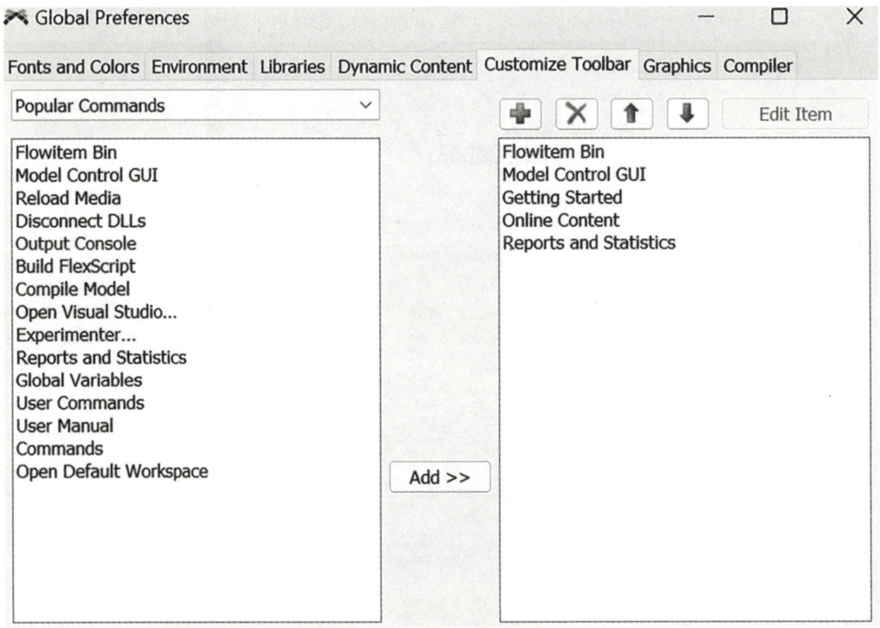

图3-32 添加报告和统计

在菜单栏中单击“统计”，选择“报告与统计”，弹出“报告与统计”对话框。在“汇总报告”选项卡中设置报告属性，如图3-33所示，单击“生成报告”按钮，便可生成汇总报告，部分内容见表3-6。

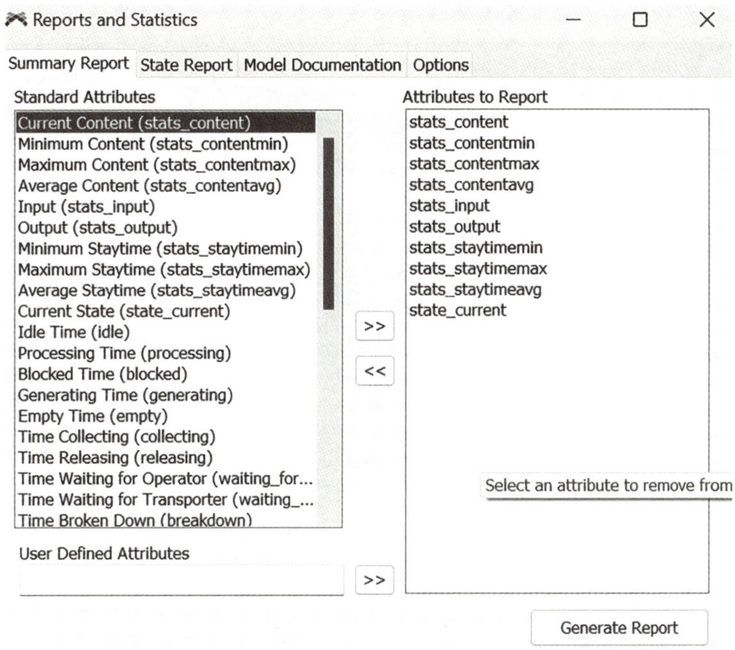

图 3–33　设置报告属性

表 3–6　汇总报告

Object	Class	stats_content	stats_contentmin	stats_contentmax	stats_contentavg	stats_input	stats_output	stats_staytimemin	stats_staytimemax	stats_staytimeavg	state_current
Source1	Source	0	0	0	0	0	99	0	0	0	5
Queue1	Queue	45	0	45	23.128995	99	54	3.693795	462.221043	234.90133	8
Processor1	Processor	1	0	1	0.729883	54	53	10.252108	25.751408	13.711438	21
Operator1	Operator	0	0	1	0.125406	54	54	2.318946	2.498834	2.322337	1
Transporter1	Transporter	0	0	1	0.001696	53	53	0.000001	1.696327	0.032007	22
Rack1	Rack	8	0	8	3.661771	8	0	0	0	0	1
Rack2	Rack	0	0	0	0	0	0	0	0	0	1
Rack3	Rack	17	0	17	10.329276	17	0	0	0	0	1
Rack4	Rack	0	0	0	0	0	0	0	0	0	1
ASRSvehicle1	ASRSvehicle	1	0	1	0.102889	9	8	8.737075	13.889575	11.7752	17
ASRSvehicle2	ASRSvehicle	0	0	1	0.163685	17	17	6.627766	13.780266	9.628516	1

续表3-6

Object	Class	stats_content	stats_contentmin	stats_contentmax	stats_contentavg	stats_input	stats_output	stats_staytimemin	stats_staytimemax	stats_staytimeavg	state_current
Queue2	Queue	20	0	20	7.193932	20	0	0	0	0	8
Transporter2	Transporter	0	0	0	0	0	0	0	0	0	1
Elevator1	Elevator	0	0	1	0.161	23	23	7	7	7	1
Elevator2	Elevator	1	0	1	0.167109	24	23	7	7	7	17
Rack5	Rack	0	0	0	0	0	0	0	0	0	1
Rack7	Rack	0	0	0	0	0	0	0	0	0	1
Rack8	Rack	0	0	0	0	0	0	0	0	0	1
Rack6	Rack	0	0	0	0	0	0	0	0	0	1
ASRSvehicle3	ASRSvehicle	0	0	0	0	0	0	0	0	0	1
ASRSvehicle4	ASRSvehicle	0	0	0	0	0	0	0	0	0	1

2. 生成状态报告

在“报告与统计”对话框中选择“状态报告”选项卡，设置状态中的报告，如图3-34所示。单击“生成报告”按钮，便可生成状态报告，部分状态数据见表3-7。

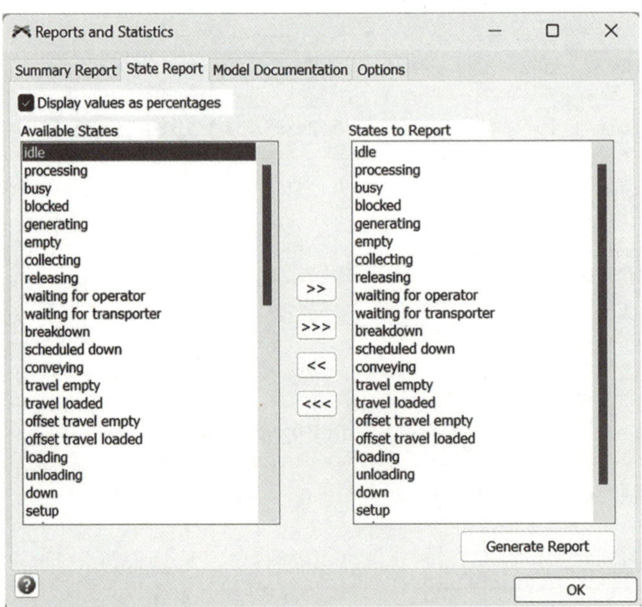

图3-34　设置报告中的状态

表 3-7　状态报告

Object	idle	processing	empty	releasing	waiting for operator	waiting for transporter	setup	utilize
Source1	0.00%	0.00%	0.00%	0.00%	0.00%	0.00%	0.00%	0.00%
Queue1	0.00%	0.00%	1.87%	97.76%	0.00%	0.37%	0.00%	0.00%
Processor1	27.01%	17.82%	0.00%	0.00%	0.26%	1.59%	53.32%	0.00%
Operator1	74.41%	0.00%	0.00%	0.00%	0.00%	0.00%	0.00%	0.00%
Transporter1	44.66%	0.00%	0.00%	0.00%	0.00%	0.00%	0.00%	53.32%
Rack1	100.00%	0.00%	0.00%	0.00%	0.00%	0.00%	0.00%	0.00%
Rack2	100.00%	0.00%	0.00%	0.00%	0.00%	0.00%	0.00%	0.00%
Rack3	100.00%	0.00%	0.00%	0.00%	0.00%	0.00%	0.00%	0.00%
Rack4	100.00%	0.00%	0.00%	0.00%	0.00%	0.00%	0.00%	0.00%
ASRSvehicle1	80.77%	0.00%	0.00%	0.00%	0.00%	0.00%	0.00%	0.00%
ASRSvehicle2	69.69%	0.00%	0.00%	0.00%	0.00%	0.00%	0.00%	0.00%
Queue2	0.00%	0.00%	16.96%	83.04%	0.00%	0.00%	0.00%	0.00%
Transporter2	100.00%	0.00%	0.00%	0.00%	0.00%	0.00%	0.00%	0.00%
Elevator1	67.76%	0.00%	0.00%	0.00%	0.00%	0.00%	0.00%	0.00%
Elevator2	67.01%	0.00%	0.00%	0.00%	0.00%	0.00%	0.00%	0.00%
Rack5	100.00%	0.00%	0.00%	0.00%	0.00%	0.00%	0.00%	0.00%
Rack7	100.00%	0.00%	0.00%	0.00%	0.00%	0.00%	0.00%	0.00%
Rack8	100.00%	0.00%	0.00%	0.00%	0.00%	0.00%	0.00%	0.00%
Rack6	100.00%	0.00%	0.00%	0.00%	0.00%	0.00%	0.00%	0.00%
ASRSvehicle3	100.00%	0.00%	0.00%	0.00%	0.00%	0.00%	0.00%	0.00%
ASRSvehicle4	100.00%	0.00%	0.00%	0.00%	0.00%	0.00%	0.00%	0.00%

3. 部分仿真结果分析

根据表3-6和表3-7对该自动化立体仓库的叉车及操作员进行简单分析：

（1）Source1在1000 s内共入库99个实体，有5个正在等待入库。

（2）操作员的空闲率为90.03%，运行时间内搬运了21件货物。

（3）叉车1的空闲率95.05%，运行时间内搬运了20件货物。

综上所述，因为操作员和叉车大部分时间空闲，可以考虑增加处理器，或者提高处理器的处理速度。

思考与练习

1.练一练

（1）搭建模型，将模型运行1小时，对模型的数据进行简单分析，撰写分析报告。

（2）增加1台处理器以后，将模型运行1小时，对模型的数据进行简单分析，撰写分析报告。

2.拓展训练

3条生产线1、2、3代表3种不同类型的产品。产品1按照正态分布时间间隔到达（均值为14，标准差为5）；产品2、3按照正态分布时间间隔到达（均值为20，标准差为5）。产品1用红色表示，产品2用绿色表示，产品3用蓝色表示。

产品到达后，分别对3种产品进行检验，检验时间为10 s，质检台上有质检员工作。3种产品分别被送到3条速度为1 m/s的传送带上，在传送带末端分别设置合成器进行产品的装盘，每类产品每盘都是8个。托盘的到达时间间隔服从指数分布（位置参数为0，尺度参数为5）。

装盘完成后，将产品送往共同的传送带（3种产品共用一条输送通道）运往货架。要求产品1送往第一个货架，产品2送往第二个货架，产品3送往第三个货架。由叉车把产品搬送至货架上。要求产品从第一行第一列开始放置，最小停留时间服从指数分布（位置参数为0，尺度参数为2000）。

为保障正常运营，货架安全库存为20件，为节省库存成本，库存量不大于100件。从货架取出的产品由叉车送到客户的货车上，要求产品1送往第一辆货车，产品2送往第二辆货车，产品3送往第三辆货车。

按照问题描述及参数进行模型搭建，运行系统进行数据分析。

任务二工单

1. 任务分组

班级		组号		指导老师	
组长		学号			
小组成员	姓名	学号	角色分工		
			监护人员		
			操作人员		
			记录人员		
			评分人员		

2. 任务实施

序号	任务点	具体工作内容	结果记录
1	学习自动化立体仓库的构成，对其运作流程及各个区域熟悉了解	阐述自动化立体仓库的构成	
		阐述自动化立体仓库的运作流程	
		简单介绍自动化立体仓库各个区域所需的设施设备	
2	学习对自动化立体仓库的布局	根据题目要求进行自动化立体仓库流程布局	
		根据题目要求选择合适的设施设备	
		根据流程及设施设备进行简单布局	
3	根据运作流程确定各个实体的连接方式	对模型中的设施设备进行合理连接	
		根据题目要求对实体进行设置	
		模型能正常运行	
4	对仿真结果进行分析	对模型产生的结果进行导出并做简单分析	

3. 考核评价

序号	技能要求	评分细则	配分	等级	得分
1	考勤	没有无故迟到、早退、旷课现象	25	A	
				B	
				C	
				D	
2	工作过程	模型流程合理，设施设备选择合理，自动化立体仓库合理布局	50	A	
		根据运作流程对各个实体进行合理连接		B	
		对每个实体进行合理设置		C	
		态度端正，工作认真，积极主动，能与团队成员进行合作交流		D	
3	项目成果	模型可以正常运作，无错误	25	A	
		对运作数据进行正确导出		B	
		对运作数据进行合理分析		C	
		撰写项目报告		D	

项目四

配送系统

思政讲堂

“一万减一等于零”是张贴在北斗三号研发车间的一句标语。正是这种零失误、零缺陷的工作理念，北斗三号工程副总设计师、卫星首席总设计师谢军，带领团队在夜以继日的攻坚克难中，将我国自主研制的北斗卫星导航系统成功发射。自此,北斗卫星导航系统开始为全球提供卫星导航和定位服务，用户可以享受到高精度、高可靠性的定位服务，无论是在个人位置服务、智能交通等领域，北斗三号都展现出了其独特的价值和重要性。其中，顺丰集团、菜鸟等快递物流综合服务商搭建的基于北斗卫星导航系统和人工智能融合的智慧城市物流大数据平台，推动建设了城市智慧物流，大幅改善时效和路径预测准度，提升了配送服务质量。同学们要汲取北斗精神的奋进力量，发扬工匠精神，锻造精益求精、追求卓越的品质精神。

实训目标

(1) 学习分拣的相关概念。

(2) 了解物流配送中心的分拣系统。

(3) 学习现代物流配送中心的相关概念。

(4) 根据运作流程确定各个实体的连接方式。

(5) 对系统仿真结果进行分析。

任务一　分拣系统仿真

任务介绍

分拣是物流配送中心内部流程的最后一个环节。在这部分环节中，库管员开票后，登记业务系统记录业务账数，并检查可销库存数量，防止开出票却不能配货的问题发生。配货前，库管员检查是否有未处理的状态调整单，先处理状态调整单，再检查拣货区商品数量是否能够满足此次配货。如果商品数量不足，生成补货单，将拣货区商品数量增加到大于等于配货数量，并通知上游部门执行补货作业；配货员按照销售票上所开商品数量进行配货。

分拣环节是将客户订单中的不同数量、种类的商品从物流配送中心的货架取出后集中在一起的过程，分拣的目的在于正确且迅速地集合顾客所订购的商品。在拣选方式上，企业还是采用比较原始的不分区、按单分拣，即根据订单到来的顺序安排空闲的工作人员对订单进行分拣。

为细化对企业的调查，我们就配送环节中最重要的环节——分拣环节做仿真研究。下面对某仓库配送作业进行模拟。经部门主管介绍，该仓库占地面积1000 m²，仓库分为5个区，它们分别是补货入口、存货区（货架为该企业主要存货工具）、库管员办公区、分拣包装区、出货码头。配送对象以箱为单位，为避免研究冗长复杂，故简化补货、入库检查等内容。配送的A、B、C 3种商品基本资料见表4-1至表4-3。

表4-1　3种商品的相关数据

商　品	初始库存	补货条件	补货速度	储运单位	颜　色
A	200	100	exponential(0,1,1)	箱	红色
B	200	100	3	箱	黄色
C	200	100	exponential(0,1,1)	箱	蓝色

表4-2　3种商品的订单组合

商　品	订单1	订单2	订单3	订单4	订单5
A	4	10	8	0	16

续表4-2

商　品	订单1	订单2	订单3	订单4	订单5
B	2	16	8	20	0
C	12	0	8	0	4

表4-3　其他相关数据

名　称	属　性	数　据
分拣人员	数量	3人
	分拣能力	1箱/人
订单	到达时间间隔	exponential(0,1,1)
	托盘类型与颜色	duniform(1,5)

物流配送中心内部主要使用的工具是地牛、叉车和手持终端。地牛主要用于货物在物流配送中心内部的运输；叉车主要用于高架货物的上架和取货，同时也会少量做一些货物运输工作；手持终端在货物的入库和出库都起着发出指导信息的作用。

任务分析

一、作业流程

案例分析：3个货架分别表示A、B、C 3种商品的存储区，发生器1到发生器3分别表示商品的补充，合成器1及发生器4表示订单的派发与分拣作业的过程，5个暂存区分别表示5种订单的出库暂存。具体参数如下：

（1）商品到达：商品A到达时间间隔设为指数分布exponential(0，1，1)；商品B到达时间间隔返回一个时间常量3；商品C到达时间间隔设为指数分布exponential(0，2，1)。

（2）检验台的预置时间：设置为10 s，检验时间服从均值为30的指数分布。

（3）货架容量：货架1到货架3的容量设为200。

（4）订单到达：发生器4的到达时间间隔设为指数分布exponential(0，1，1)。

（5）容量设置：暂存区1到暂存区5的容量设为2000。

（6）货物合成：合成时间为10 s。

二、分拣及布局

仿真实体及功能见表4-4。

表 4-4　仿真实体及功能

模型组成	实体	数量	实体功能
入库区	发生器	3	产生模型中所描述的四类实体
储存分拣区	货架	3	存储商品
	操作员	3	根据订单拣选商品
出库区	合成器	1	打包出库商品
	发生器	1	产生托盘实体
	暂存区	5	储存出库商品

三、仿真模型设施规划

到货→入库→分拣→打包→出库。

相关知识

分拣是指为进行输送、配送，把很多货物按不同的品种、不同的地点和单位分配到所设场地的作业。

一、发货计划

发货计划是企业或商家根据销售订单、库存情况、生产能力等因素制订的一种计划，旨在确保按照约定的时间和地点将商品或货物安全、准时地送达客户手中。一个合理的发货计划可以提高物流效率，减少成本，增强客户满意度。

二、拣货方式

拣货方式是物流配送中心依据顾客的订单要求或配送计划，迅速、准确地将商品从其储位或其他区位拣取出来，并按一定的方式进行分类、集中的作业过程。拣货方式通常有订单拣取、批量拣取及复合拣取三种方式。

（一）订单拣取

（1）定义：订单拣取又称拣货，是物流、仓储或物流配送中心中的一个重要环节，指依据顾客的订货要求或物流配送中心的送货计划，迅速、准确地将商品从其储位或其他区位拣取出来，并按一定的方式进行分类、集中，等待配装送货的作业过程。

（2）特点：订单拣取作业方法简单，接到订单可立即拣货，作业前置时间短，作业人员责任明确；但当商品的品项较多时，拣货行走路径加长，拣取效率会降低。

（3）适用场合：订单拣取适合订单大小差异较大，订单数量变化频繁，商品差异较大的情况，如化妆品、家具、电器、百货、高级服饰等。

（二）批量拣取

（1）定义：批量拣取是一种仓储和物流中常用的拣货方式。这种方式主要基于订单的类型、数量、出库频率和货物在仓库中的物理位置等因素进行批量处理，以提高拣货效率和降低操作成本。

（2）特点：批量拣取可以缩短拣取商品时的行走时间，增加单位时间的拣货量。同时，由于订单需要累积到一定数量时，才做一次性的处理。因此，会有停滞的时间产生。

（3）适用场合：批量拣取适合订单变化较小，订单数量稳定的物流配送中心和外形较规则、固定的商品出货，此外，需要进行流通加工的商品也适合批量拣取，再批量进行加工，然后分类配送，批量拣取有利于提高拣货及加工效率。

（三）复合拣取

（1）定义：复合拣取又称组合拣取，是指在拣货作业过程中，根据订单商品在仓库货位中的存储位置，将多张订单集合成一批，按照商品的入库日期、周转率、货位之间的相对位置顺序、订单大小等因素，将一张或多张订单中的不同种商品，按照它们在仓库中的存储位置关系，选出一条最短路径，依次巡回拣取完商品，再依据不同客户或不同订单分类集中的拣货方式。

（2）特点：这种方式非常适合订单大小差别不大，且订单数量较多的情况。

（3）适用场合：复合拣取可根据订单的品种、数量及出库频率，确定哪些订单适用于订单拣取，哪些订单适用于批量拣取，然后可以分别采取不同的拣货方式。

三、输出拣货清单

拣货清单是物流、仓储、销售等领域中常用的一种工具，主要用于指导仓库工作人员按照清单所列明的商品信息、数量及顺序进行拣货操作。一个清晰、准确的拣货清单能够提高拣货效率，减少错误率，保证物流流程的顺畅进行。

四、确定拣货路线及分派拣货人员

物流配送中心根据拣货单所指示的商品编码、储位编号等信息，能够明确商品所处的位置，确定合理的拣货路线，安排拣货人员进行拣货作业。

五、拣取商品

拣取商品是指在仓库或物流配送中心中，根据订单信息从存储区域准确、快速地选取并集合所需商品的过程，拣取的过程可以由人工或机械辅助作业，或自动化设备完成。

六、分类集中

经过拣取的商品根据不同的客户或送货路线分类集中。有些需要进行流通加工的商品还需要根据加工方法进行分类，加工完毕再按一定方式分类出货。

多品种分货的工艺过程较复杂，难度也大，容易发生错误，必须在统筹安排形成规模效应的基础上，提高作业的精确性。

在物品体积小、重量轻的情况下，通常可以采取人力分拣，也可以采取机械辅助作业，或利用自动分拣机将拣取出来的货物进行分类与集中。

实践操作

系统仿真建模

（一）创建实体

用鼠标从实体库中拖出4个发生器（Source）、3个货架（Rack）、3个操作员（Operator）、1个合成器（Combiner）、5个叉车（Transporter）、5个暂存区（Queue）到模型视图中，按图4-1所示布置好模型布局。

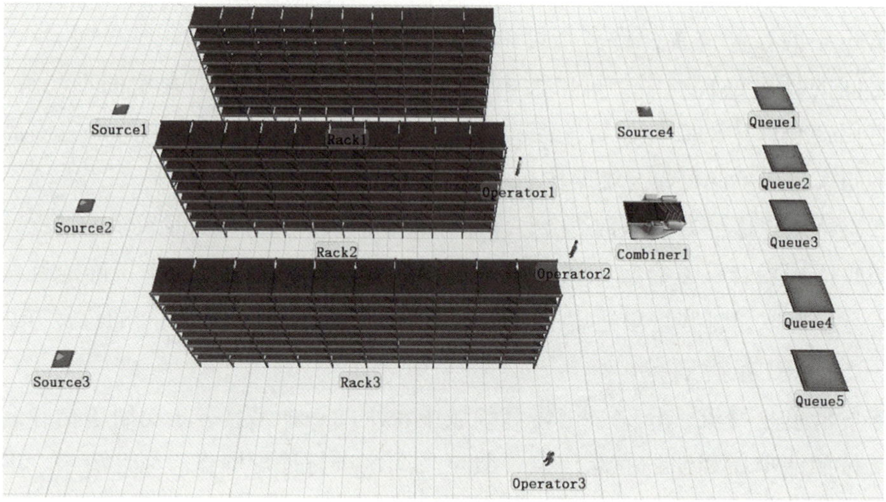

图4-1　模型布局

（二）连接对象

按照商品流动的路径，从发生器开始两两连接对象，商品将沿着连线在对象之间流动，连接时注意连接方向是从起点对象到终点对象，具体连接如下（除特别说明外连接均为A连接）。

模型以下5部分，连接完成后的模型如图4-2所示。

（1）A连接发生器（Source）到货架（Rack）。

（2）A连接货架（Rack）到合成器（Combiner）。

（3）A连接发生器（Source）到合成器（Combiner）。

（4）A连接合成器（Combiner）到暂存区（Queue）。

（5）S连接货架（Rack）到操作员（Operator）。

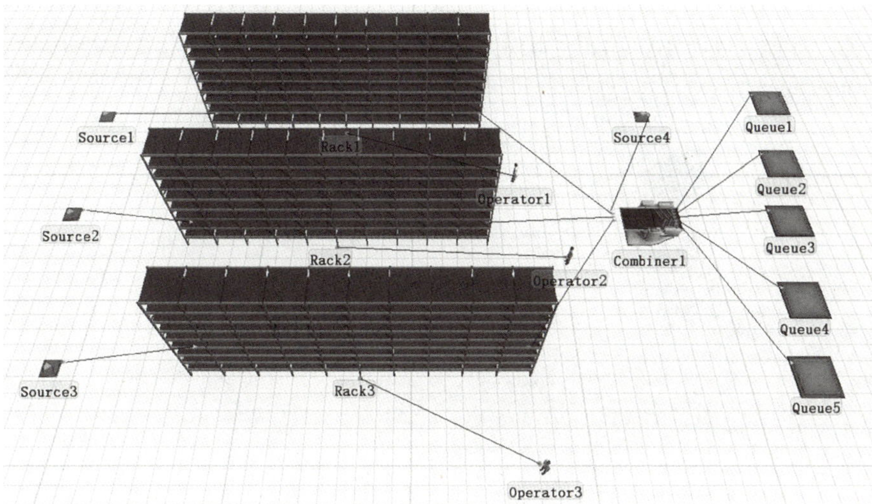

图4-2　连接完成后的模型

（三）实体参数设置

1.发生器1的设置

设置发生器1的到达时间间隔。双击“发生器1”打开参数设置对话框，单击“发生器”选项卡，在“到达时间间隔”的下拉列表中选择“统计分布”，设置为指数分布“exponential(0，1，1)”，如图4-3所示。

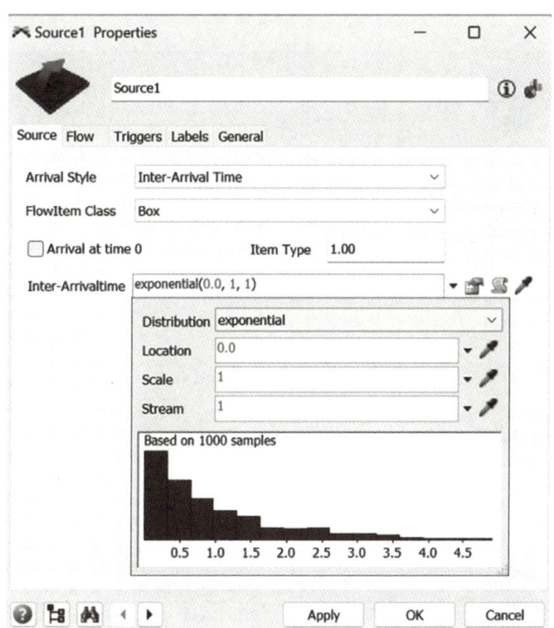

图4-3　发生器1的到达时间间隔设置

双击“Source1”弹出属性窗口，单击“触发器”选项卡，设置商品颜色。单击“创建触发”右边的“+”按钮，选择“On Exit”，“设置临时实体颜色”，将Default设置为红色，如图4-4所示，单击“确定”按钮，关闭属性窗口。

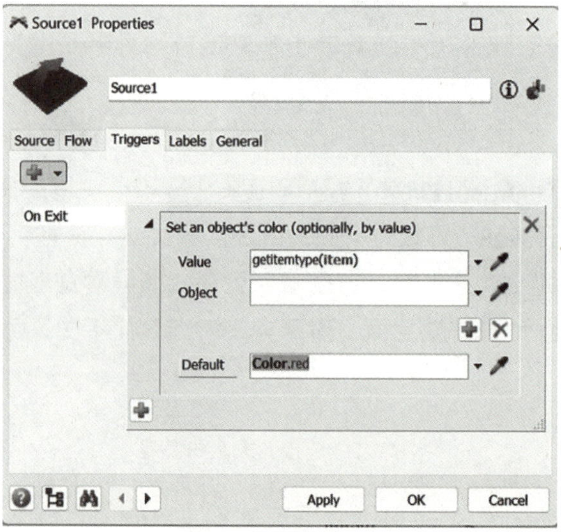

图4-4　商品颜色设置

2. 发生器2的设置

设置发生器2的到达时间间隔。双击“发生器2”打开参数设置对话框，单击“发生器”选项卡，将“到达时间间隔”设置为常数3，如图4-5所示。

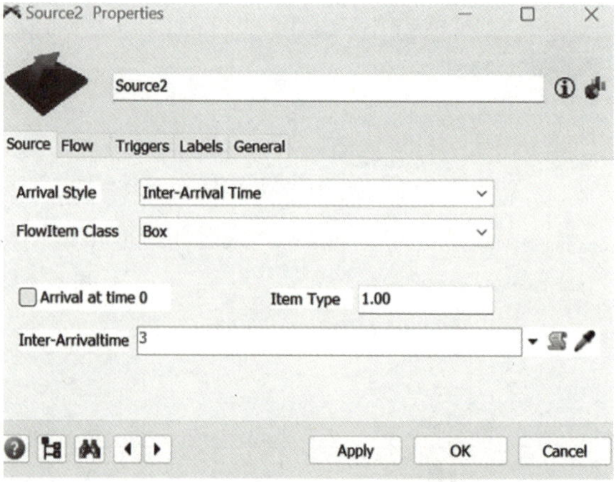

图4-5　发生器2的到达时间间隔设置

双击“Source2”弹出属性窗口，单击“触发器”选项卡，设置商品颜色。单击“创建触发”右边的“+”按钮，选择“On Exit”，“设置临时实体颜色”，可将Default设置为黄色，如图4-6所示，单击“确定”按钮，关闭属性窗口。

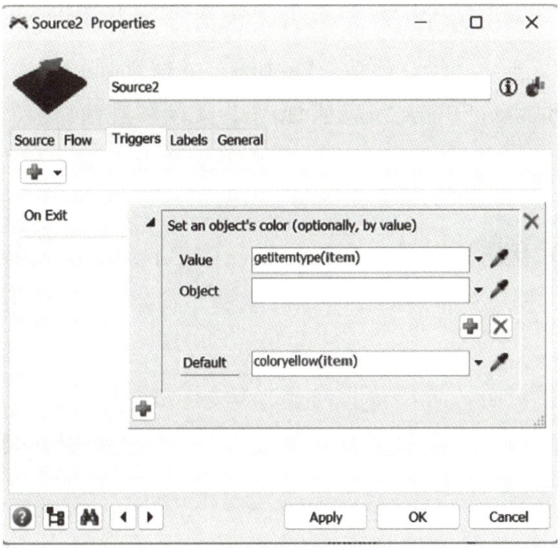

图4-6　商品颜色设置

3. 发生器3的设置

设置发生器3的到达时间间隔。双击“发生器3”打开参数设置对话框，单击“发生器”选项卡，在“到达时间间隔”的下拉列表中选择“统计分布”，设置为指数分布“exponential(0，2，1)”，如图4-7所示。

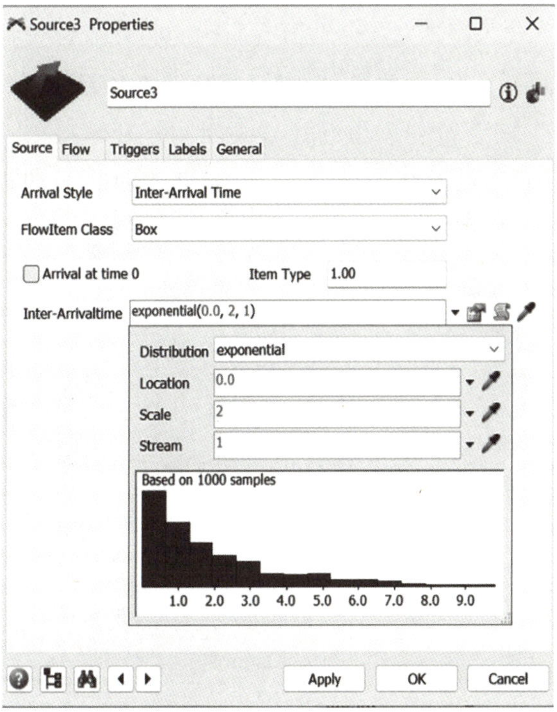

图4-7　发生器3的到达时间间隔设置

双击“Source3”弹出属性窗口，单击“触发器”选项卡，设置产品颜色。单击“创建触发”右边的“+”按钮，选择“On Exit”，“设置临时实体颜色”，将Default设置为蓝色，如图4-8所示，单击“确定”按钮，关闭属性窗口。

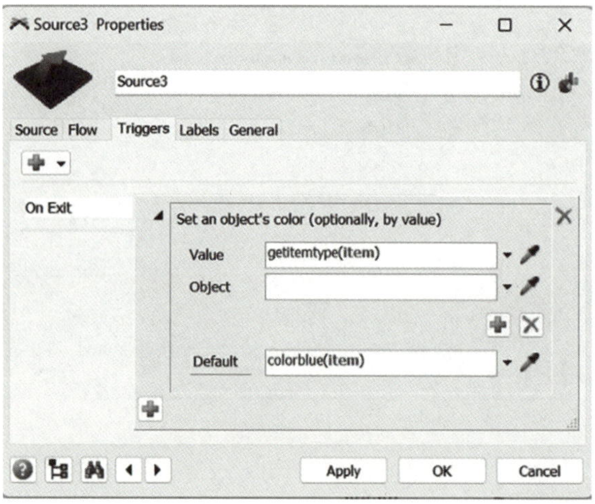

图4-8　商品颜色设置

4.货架参数设置

货架以箱为存储单位。因为货物需求量不在本项目讨论范围之内，故简化了入库的操作。由于货架1、货架2、货架3的参数设置是一样的，以货架1为例进行说明，具体设置如下。

设置货架1入库量。双击“货架1”打开参数设置对话框，单击“触发器”选项卡，在“进入触发”的下拉列表中选择“关闭和打开端口”，将“操作”设置为“closeinput”，将“条件”设置为“content（current）>=200”，如图4-9所示。

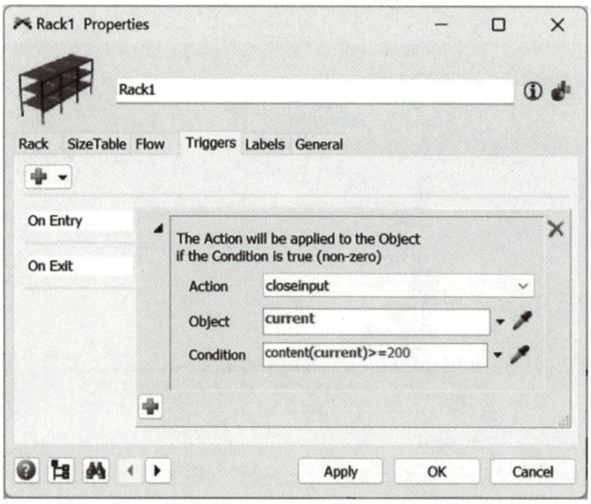

图4-9　货架1的入库设置（1）

在“离开触发”的下拉列表中选择“关闭和打开端口”，将“操作”设置为“openinput”，将“条件”设置为“content（current）<200”，如图4-10所示。

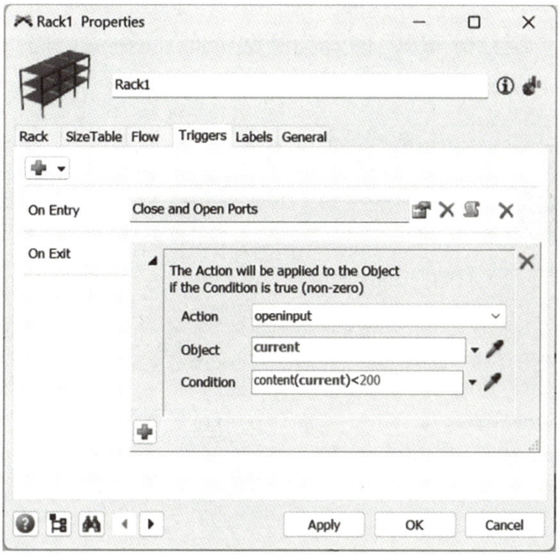

图4-10 货架1的入库设置（2）

设置货架1使用操作员。单击“临时实体流”选项卡，勾选“使用运输工具”复选框，如图4-11所示。

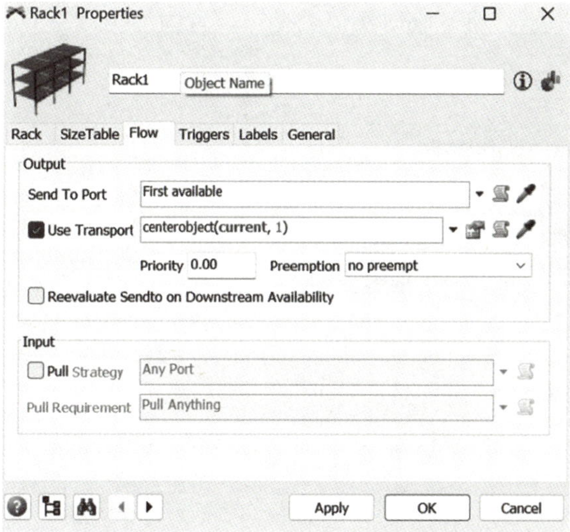

图4-11 货架1使用操作员的设置

对货架2、货架3进行同样的设置。

5. 抽象订单的实体化

订单的下达来自客户，在仿真中令订单发生器产生托盘（Pallet），使得抽象的订单实体化。实现方法如下。

设置实体到达时间间隔。双击“发生器4”打开参数设置对话框，单击“发生器”选项卡，在“临时实体种类”的下拉列表中选择“Pallet”，在“到达时间间隔”的下拉列表中选择“统计分布”，设置为指数分布“exponential（0，1，1）”，如图4-12所示。

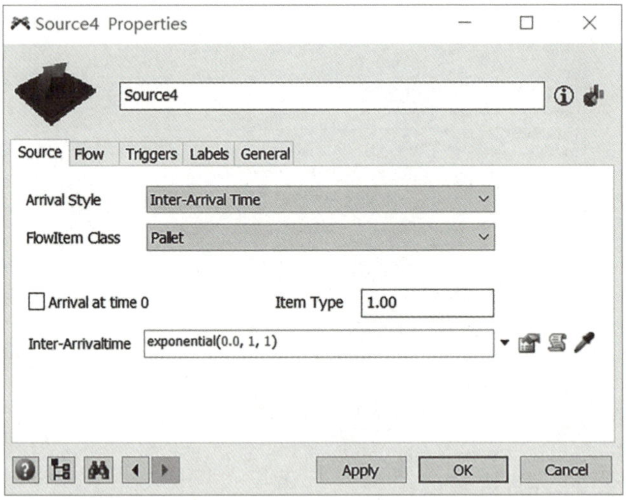

图4-12　发生器4的实体到达时间间隔设置

设置实体类型。单击“触发器”选项卡，在“离开触发”的下拉列表中选择“设置临时实体类型和颜色”，将“临时实体类型”设置为均匀分布“duniform(1，5)”，如图4-13所示。

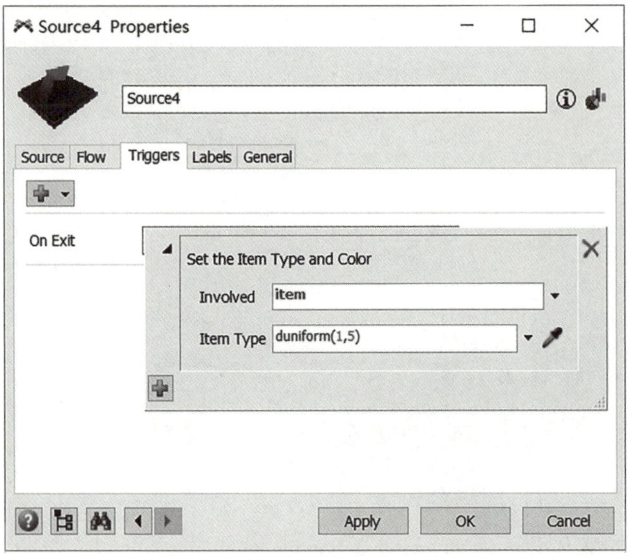

图4-13　发生器4的实体类型设置

6. 合成器的设置

在合成器的3种合成模式中，选择打包装盘（Pack）。商品合成时间为10 s。当满足订单后，合成器包装商品，然后输出至出货暂存区。合成器1的具体设置如下。

设置合成器1的合成模式。双击“合成器1”打开参数设置对话框，单击“合成器”选项卡，将“合成模式”设置为“打包”，如图4-14所示。

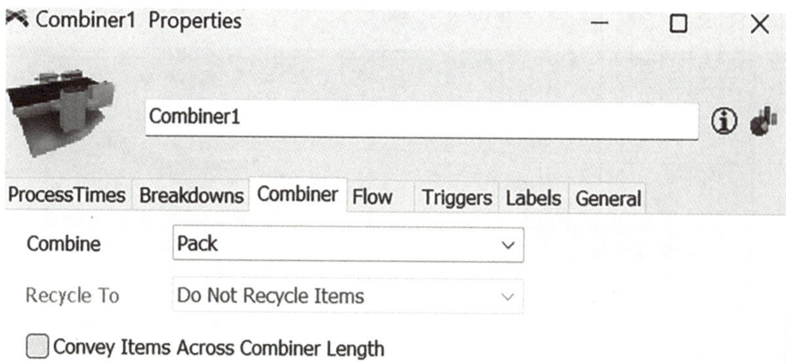

图4-14　合成器1的合成模式设置

设置货物合成时间。单击“临时实体流”选项卡，单击“加工时间”选项卡，将“加工时间”设置为10，并且勾选“使用运输工具”复选框，如图4-15所示。

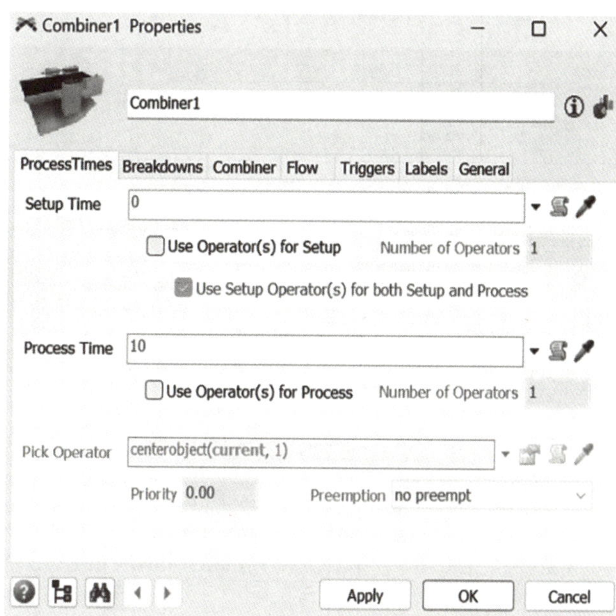

图4-15　合成器1的货物合成时间设置

设置合成器输出端口参数。单击“临时实体流”选项卡，在“发送至端口”下拉列表中选择“根据不同case选择输出端口”，按图4-16所示设置。

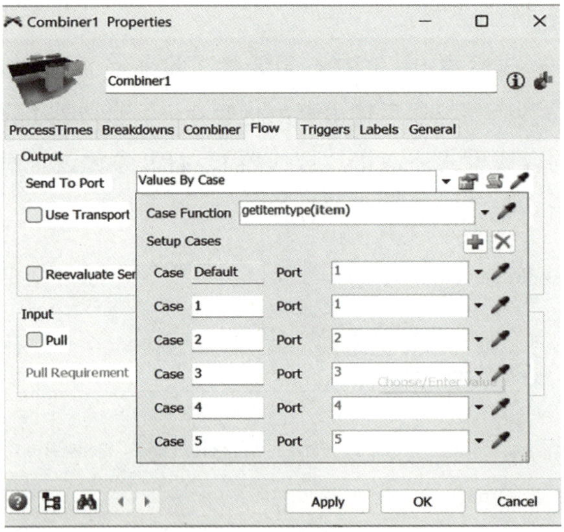

图4-16　合成器1的输出端口参数设置

订单实体化后，托盘即作为驱动合成器（分拣流程）的因素。根据合成器的工作原理，规定各个合成器的输入端口1为订单发生器的输出端口，这样就完成了“一份订单配货”的分拣逻辑。一般可以在“常规”选项卡下，选择“端口”中的“输入端口”，检查合成器1的输入端口顺序，确保输入端口1为订单发生器（可以通过右边的“排序”按钮进行调整），如图4-17所示。

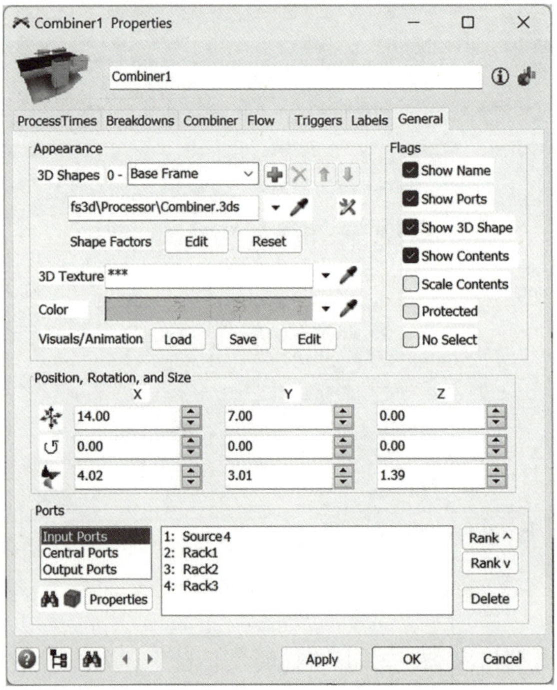

图4-17　合成器1的输入端口顺序检查

7.全局表

分拣策略的实现需要使用全局表，全局表可以存储数字型或者字符串型数据。模型中的任何一个实体都可以用gettablenum()、gettablestr()、settablenum()、settablestr()、reftable()命令来访问这些数据，而且一个模型可以有多个全局表(GlobalTable)。全局表的具体设置如下。

单击实体库右侧的“工具箱”选项卡，然后单击“+”添加按钮，选择“全局表”，添加新的全局表。从表4-2可知，有3种商品、5个订单，所以设置全局表时，将“行数”设置为3，“列数”设置为5，然后单击空白处，生成全局表。最后，根据表4-2订单组合，往全局表中添加具体的数据，设置结果如图4-18所示。

Model　order

	Col 1	Col 2	Col 3	Col 4	Col 5
Row 1	4	10	8	0	16
Row 2	2	16	8	20	0
Row 3	12	0	8	0	4

图4-18　全局表的设置

全局表设置完成后，还需要在合成器的“触发器”选项卡下，设置“进入触发”为“更新合成器组合列表”，并把更新的数据来源设置为全局表，如图4-19所示。

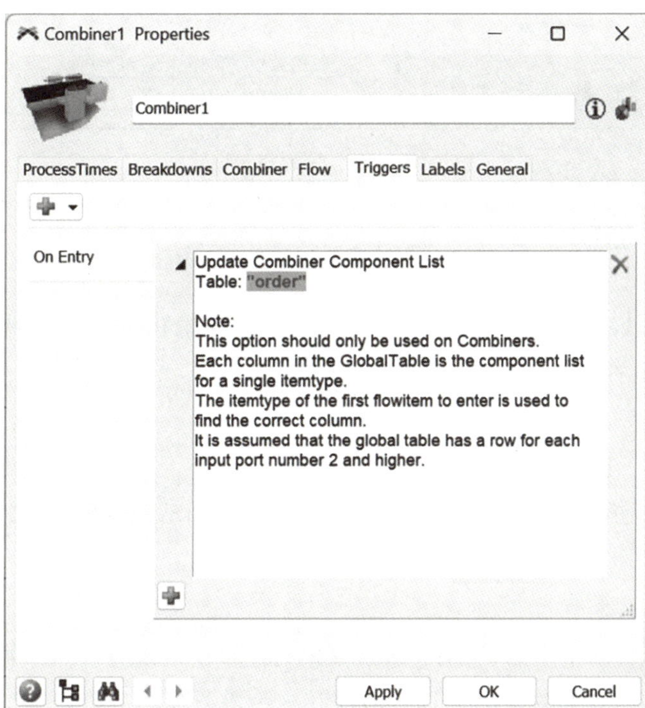

图4-19　合成器自动更新组件列表设置

8. 暂存区的设置

双击"暂存区1"打开参数设置对话框，单击"暂存区"选项卡，将"最大容量"设置为"2000"，如图4-20所示。暂存区2到暂存区5的设置与此相同。

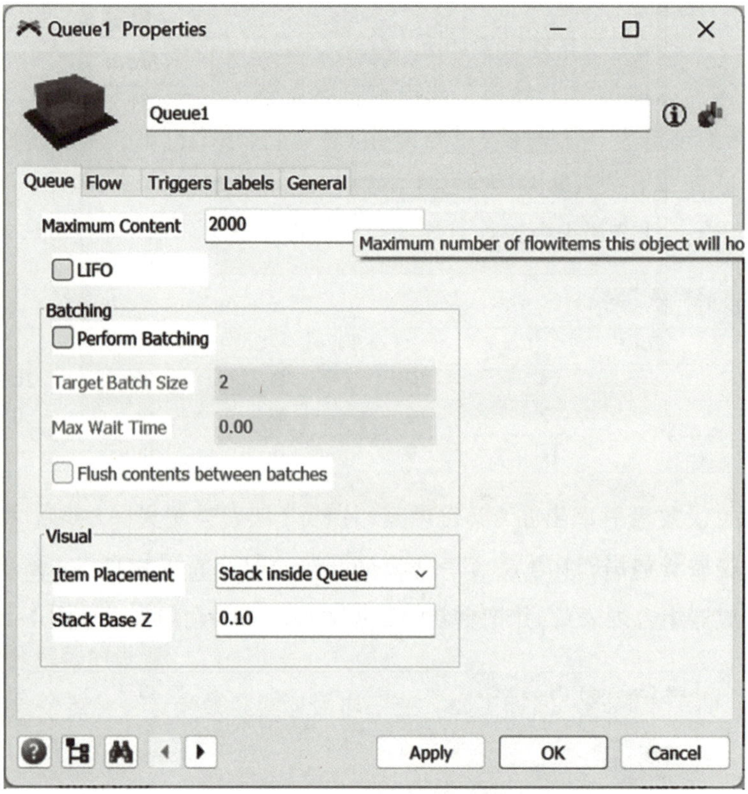

图4-20　暂存区的容量设置

（四）模型的运行

1. 重置模型

为了在运行模型前保证系统和模型参数处于初始状态，在仿真控制栏中单击"重置"按钮，重置模型。

2. 运行模型

单击"运行"按钮，运行模型28800 s。

在仿真进行过程中，可以看到3种不同颜色的商品从系统中流过，经过不同机器组的加工，最后离开系统。

（五）仿真结果

当仿真运行自动结束后，在FlexSim菜单栏中单击"统计"→"报告与统计"选项，在"报告与统计"对话框中进行增加和减少需要输出的报告内容，单击"生成报告"按钮，生成汇总报告，部分内容见表4-5所示。

表 4-5 汇总报告

Object	Class	stats_content	stats_contentmin	stats_contentmax	stats_contentavg	stats_input	stats_output	stats_staytimemin	stats_staytimemax	stats_staytimeavg	state_current
Source1	Source	0	0	0	0.97436	0	32	0	0	0	5
Source2	Source	0	0	0	0.982704	0	10	0	0	0	5
Source3	Source	0	0	0	0.879641	0	12	0	0	0	5
Rack1	Rack	31	1	31	14.089045	32	1	7.781331	7.781331	7.781331	10
Operator1	Operator	0	0	1	0.388223	1	1	11.851657	11.851657	11.851657	16
Rack2	Rack	9	1	9	4.065211	10	1	11.35076	11.35076	11.35076	10
Operator2	Operator	0	0	1	0.487781	1	1	14.890987	14.890987	14.890987	14
Rack3	Rack	12	1	12	6.83877	12	0	0	0	0	1
Operator3	Operator	0	0	0	0	0	0	0	0	0	1
Source4	Source	1	0	1	1	0	1	0	0	0	4
Combiner1	Combiner	1	1	2	0.983797	3	2	0	0	0	7
Queue1	Queue	0	0	0	0	0	0	0	0	0	6
Queue2	Queue	0	0	0	0	0	0	0	0	0	6
Queue3	Queue	0	0	0	0	0	0	0	0	0	6
Queue4	Queue	0	0	0	0	0	0	0	0	0	6
Queue5	Queue	0	0	0	0	0	0	0	0	0	6

思考与练习

1. 根据模型导出的运行报告进行模型分析。
2. 根据模型分析进行模型优化。

任务一工单

1. 任务分组

<table>
<tr><td>班级</td><td></td><td>组号</td><td></td><td>指导老师</td><td></td></tr>
<tr><td>组长</td><td></td><td>学号</td><td colspan="3"></td></tr>
<tr><td rowspan="5">小组成员</td><td>姓名</td><td>学号</td><td colspan="3">角色分工</td></tr>
<tr><td></td><td></td><td colspan="3">监护人员</td></tr>
<tr><td></td><td></td><td colspan="3">操作人员</td></tr>
<tr><td></td><td></td><td colspan="3">记录人员</td></tr>
<tr><td></td><td></td><td colspan="3">评分人员</td></tr>
</table>

2. 任务实施

<table>
<tr><td>序号</td><td>任务点</td><td>具体工作内容</td><td>结果记录</td></tr>
<tr><td rowspan="3">1</td><td rowspan="3">学习自动化立体仓库的构成，对其运作流程及各个区域熟悉了解</td><td>阐述分拣系统的构成</td><td></td></tr>
<tr><td>阐述分拣系统的运作流程</td><td></td></tr>
<tr><td>简单介绍分拣系统所需的设施设备</td><td></td></tr>
<tr><td rowspan="3">2</td><td rowspan="3">学习对自动化立体仓库布局</td><td>根据题目要求进行分拣系统流程布局</td><td></td></tr>
<tr><td>根据题目要求选择合适的设施设备</td><td></td></tr>
<tr><td>根据流程及设施设备进行简单布局</td><td></td></tr>
<tr><td rowspan="3">3</td><td rowspan="3">根据运作流程确定各个实体的连接方式</td><td>对模型中的设施设备进行合理连接</td><td></td></tr>
<tr><td>根据题目要求对实体进行设置</td><td></td></tr>
<tr><td>模型能正常运行</td><td></td></tr>
<tr><td>4</td><td>对仿真结果进行分析</td><td>对模型产生的结果进行导出并做简单分析</td><td></td></tr>
</table>

3. 考核评价

<table>
<tr><th>序号</th><th>技能要求</th><th>评分细则</th><th>配分</th><th>等级</th><th>得分</th></tr>
<tr><td rowspan="4">1</td><td rowspan="4">考勤</td><td rowspan="4">没有无故迟到、早退、旷课现象</td><td rowspan="4">25</td><td>A</td><td rowspan="4"></td></tr>
<tr><td>B</td></tr>
<tr><td>C</td></tr>
<tr><td>D</td></tr>
<tr><td rowspan="4">2</td><td rowspan="4">工作过程</td><td>模型流程合理，设施设备选择合理，自动化立体仓库合理布局</td><td rowspan="4">50</td><td>A</td><td rowspan="4"></td></tr>
<tr><td>根据运作流程对各个实体进行合理连接</td><td>B</td></tr>
<tr><td>对每个实体进行合理设置</td><td>C</td></tr>
<tr><td>态度端正，工作认真，积极主动，能与团队成员进行合作交流</td><td>D</td></tr>
<tr><td rowspan="4">3</td><td rowspan="4">项目成果</td><td>模型可以正常运作，无错误</td><td rowspan="4">25</td><td>A</td><td rowspan="4"></td></tr>
<tr><td>对运作数据进行正确导出</td><td>B</td></tr>
<tr><td>对运作数据进行合理分析</td><td>C</td></tr>
<tr><td>撰写项目报告</td><td>D</td></tr>
</table>

任务二 现代物流配送中心设计仿真

任务介绍

某物流配送中心入库A、B、C 3种货物（采用3个发生器模拟），各200箱，分别用红、绿、蓝3色表示。采用3个合成器模拟货物组托，货物A、B、C每托分别为8箱、10箱、20箱，组托时间分别为80 s、100 s、200 s。组托后的货物分别随机存储在3个货架上。根据2个客户订单（ZHANG和WANG）对货物A、B、C的数量需求，使用分解器模拟拆托，然后将货物顺序放置于分拣传送带上，经传送带后，使用合成器模拟2个订单进行分拣，分拣后货物分别置于2个发货暂存区中。货物出入库信息见表4-6。

表4-6 货物出入库信息

产品	ZHANG订单/箱	WANG订单/箱	入库数量/箱	每托数量/箱	入库托盘数/托	出库数量/箱	出库托盘数/托
A	80	24	200	8	25	104	13
B	70	20	200	10	20	90	9
C	50	50	200	20	10	100	5

任务分析

一、作业流程

总体结构：仿真模型使用3个发生器模拟3种货物入库，进入3个收货暂存区。使用3个合成器模拟组托，1个发生器生成组托所用托盘。组托后的货物进入对应的3个货架进行随机存储。使用1个分解器模拟拆托，释放的托盘进入托盘暂存区，货物进入分拣传送带进行分拣，然后分别通过相应的传送带进入合成器。使用1个发生器模拟订单生成，货物按订单分拣后输出到两个客户的发货暂存区。

二、物流配送中心仿真设备及布局

仿真实体及功能见表4-7。

表 4-7　仿真实体及功能

模型组成	实体	数量	实体功能
入库区	发生器	1	产生模型中所描述的四类实体
	暂存区	1	堆放进库货物
	叉车	1	将实体搬运到暂存区
检验区	处理器	3	检验货物是否符合质量要求
	叉车	3	把货物从处理器搬运到传送带
储存区	货架	3	存储货物
	操作员	3	根据订单拣选货物
出库区	暂存区	5	存放出库货物
	发生器	1	产生托盘实体
	叉车	1	进行货物搬运

三、仿真模型设施规划

到货→暂存→打包→入库→分解→打包→出库。

相关知识

一、现代物流配送中心概述

现代物流配送中心是一种全新的流通模式和运作结构，其管理水平要求达到科学化和现代化。通过合理的科学管理制度、现代化的管理方法和手段，物流配送中心可以充分发挥其基本功能，从而保障相关企业和用户整体效益的实现。管理科学的发展为流通管理的现代化、科学化提供了条件，促进流通产业的有序发展。此外，流通产业也要加强对市场的监管和调控力度，使之有序化和规范化。

（一）物流配送中心功能区的设置

物流配送中心功能区是为了实现配送作业而设立的诸多作业区域。这些具有不同作业内容的区域可实现各自的目的，起着应有的作用，共同完成物流配送中心的配送业务。根据各种作业的性质，一般物流配送中心功能区可分为物流功能区和非物流功能区两大类。其中，物流相关的作业在物流功能区内完成。分析物流配送中心的作业流程以及物流配送中心的功能，可以将物流功能区划分为进货区、存储区、流通加工区、理货区、出库区和退货区。非物流功能区主要从事物流作业的相关辅助作业或用作部分工作人员的工作区，可以将其划分为辅助作业区和办公区。各功能区又可根据作业需要划分为不同的功能子区。一般物流配送中心功能区的设置见表4-8。

表4-8　物流配送中心功能区的设置

功能区	区域作用
进货月台区	负责货物的收、卸、检查、搬运和暂存。进货区和月台区可分开规划，都需要通过月台的升降完成
分拣区	进行发货前的分拣、拣选和按订单配货。由于企业建立以食品为主的仓库，为保证超市的供货，一些货物刚被运来就需要直接通过拣选运出。因此拣选区要设立在进出货区附近。而这个区域在分拣货物时，还要同时处理订单，所以这个区域分为两个部分，一部分为分拣区，另一部分为订单处理区
存储区	首先对这个区域的面积要求比其他区域要大，因为这是一个需要大量存储并不断流通货物的地方。其次，要方便取货，设置合理的货架码放方式以及暂存区，码垛起重机要合理布局。存储时，要分类、分批存储。由于存储量大，所以要定期盘点，盘点时间应尽量不影响物流配送中心的正常工作
流通加工区	根据流通或销售的需要安排必要的生产性和流通性加工（如分割、剪裁、改包装等）场所。流通性加工是为了提高物流速度和物品的利用率，在物品进入流通领域后，按客户的要求进行的加工活动，即在物品从生产者向消费者流动的过程中，为了促进销售、维护商品质量和提高物流效率，对物品进行一定程度的加工，提高原材料的利用率、加工效率及设备利用率，有效地完善了流通环节。因此，流通性加工是重要的物流加工形式
出货区	是物品进行检验、发货、待运的场所，用于出货
退货区	存放进货时残损的、不合格的或需要重新确认等待处理的货物的场所
办公区	是中心内部行政事务处理、信息处理、业务洽谈、订单处理以及指令发布的场所，位于物流配送中心的出口

（二）物流配送中心的作业流程

物流配送中心在运转时，无论是机械化的物流系统还是自动化或智能化的物流系统，如果没有正确有效的作业方法配合，那么即使所采用的设备或系统再先进，也都难以取得最佳的经济效益。不同类型的物流配送中心虽然功能不尽相同，但其作业流程却大致相似，主要包括以下8种作业：进货作业、搬运作业、储存作业、盘点作业、订单处理作业、拣货作业、补货作业、发货及配送作业。

1. 进货作业

进货作业是指货物的接收，包括从车上将其卸下、核对该货物的数量及状态、将必要信息书面化等。

2. 搬运作业

搬运作业在物流配送中心作业中占有60%～70%的作业量，它涉及货物的装卸、搬运、堆垛、取货、理货、分类等与之相关的作业过程，是物流系统构成的要素之一。有效搬运可以加速货物移动，缩短运输距离，减少总作业时间，降低存储和相关成本。良好的搬运系统不但可改善工作环境，而且能保证货物安全和完好，降低保险费用。

3. 储存作业

对仓库中储存的货物进行管理，对货物进行储存和保管。储存时不仅要善于利用空间，也要注意存货的管理。尤其要注意物流配送中心的储存与传统仓库的储存营运形态不同，故更应注意空间运用的弹性及存货的有效控制。

4. 盘点作业

为了有效地掌握货物数量和质量，必须定期对各储存场所进行清点，这就是所谓的盘点作业。盘点作业是对在库的货物进行账目和数量上的清点作业。

5. 订单处理作业

订单处理作业是指从接到门店订货到准备出货之间的作业阶段，包括订单确认、存货查询、库存分配和出货配送等环节。

6. 拣货作业

每张用户订单中最少有1种货物，如何把这些不同种类、数量的货物由物流配送中心集中在一起就是所谓的拣货作业。

7. 补货作业

补货作业是将货物从仓库保管区域搬运到拣货区的工作，即将待配送商品放在存取方便的位置过程。

8. 发货及配送作业

发货作业是将拣选的货物按订单或配送路线进行分类，再进行发货检查，做好相应的包装、标识和贴标签工作，根据门店或行车路线等将货物送到发货暂存区，最后装车配送的一系列流程。

二、物流配送中心的分拣系统

分拣作业流程主要包括以下几个环节：订单接收、货物信息核对、拣货、分货、打包、复核、装载及发货。

1. 订单接收

分拣作业流程的第一步是接收订单。通常包括从客户、电商平台或其他渠道获取订单信息，并将其导入到仓储管理系统中。

2. 货物信息核对

在接收到订单后，需要对订单中的货物信息进行核对，确保订单信息的准确性和完整性。其主要包括对商品名称、数量、规格、颜色等信息进行逐一核对。

3. 拣货

拣货是分拣作业流程中的关键环节。根据订单信息，拣货员需要在仓库中找到相应的货物，并将其从货架上取下。为了提高拣货效率，可以采用分区拣货、批量拣货等方法。

4. 分货

分货是指将拣选出的货物按照订单要求进行分类、组合。在此过程中，需要确保每个订单中的货物准确无误，并按照一定的顺序进行排列。

5. 打包

打包是将分好的货物进行包装，以便运输和交付给客户。打包过程中需要注意货物的保护措施，如防震、防水等，以确保货物在运输过程中不受损坏。

6. 复核

复核是为了确保分拣作业的准确性。在此环节，复核员会对已打包好的货物进行再次核对，确保货物与订单信息一致，无遗漏或错误。

7. 装载及发货

一般将复核无误的货物进行装载，并按照约定的时间和路线进行发货。发货后，通常还需要及时将发货信息更新到系统中，以便客户查询物流状态。

实践操作

系统仿真建模

（一）创建实体

用鼠标从实体库中拖出5个发生器（Source）、5个暂存区（Queue）、4个合成器（Combiner）、3个货架（Rack）、1个分解器（Separator）、若干条传送带（Conveyor）到模型视图中，按图4-21所示布置好模型布局。

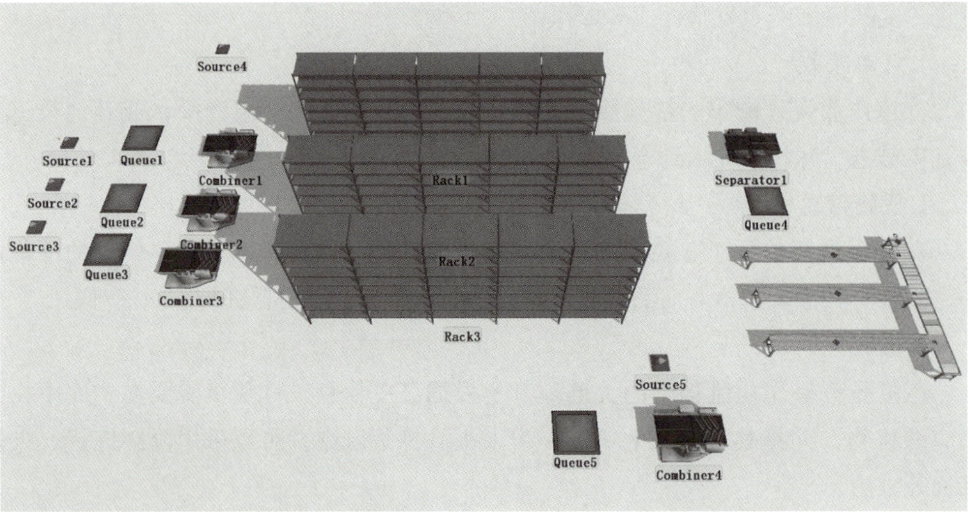

图4-21　模型布局

（二）连接对象

按照货物流动的路径，从发生器开始两两连接对象，货物将沿着连线在对象之间流动，连接时注意连接方向是从起点对象到终点对象，具体连接如下（除特别说明外连接均为A连接）。

模型连接完成后如图4-22所示。

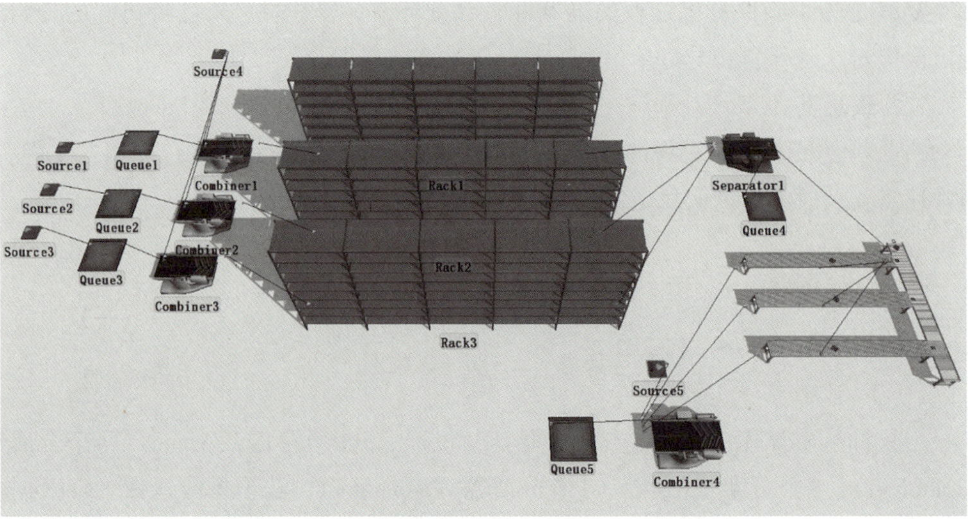

图4-22　连接完成后的模型

（1）A连接发生器（Source）到暂存区（Queue）。

（2）A连接暂存区（Queue）到合成器（Combiner）。

（3）A连接发生器（Source）到合成器（Combiner）。

（4）A连接合成器（Combiner）到货架（Rack）。

（5）A连接货架（Rack）到分解器（Separator）。

（6）A连接分解器（Separator）到暂存区（Queue）。

（7）A连接分解器（Separator）到传送带（Queue）。

（8）A连接传送带（Queue）到合成器（Combiner）。

（9）A连接发生器（Source）到合成器（Combiner）。

（10）A连接合成器（Combiner）到暂存区（Queue）。

（三）实体参数设置

1.发生器1的设置

双击“Source”弹出属性窗口，单击“触发器”选项卡，设置货物的类型和颜色。单击“离开触发”右边的“+”按钮，选择“On Exit”，“设置临时实体颜色”，将颜色设置成红色，如图4-23所示，单击“确定”按钮，关闭属性窗口。

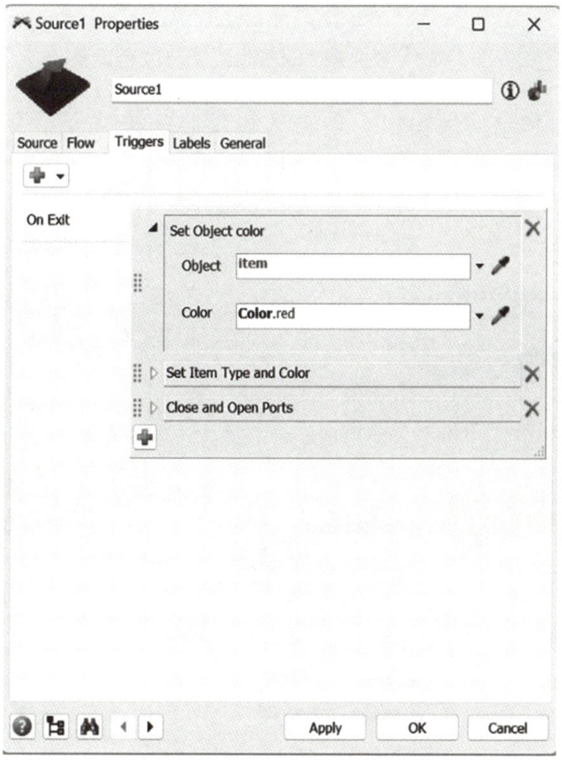

图4-23　发生器1的货物颜色设置

双击“Source”弹出属性窗口，单击“触发器”选项卡，设置“临时实体类型和颜色”。单击“离开触发”右边的“+”按钮，选择“On Exit”，“设置临时实体类型和颜色”，将临时实体类型设置为1，如图4-24所示。

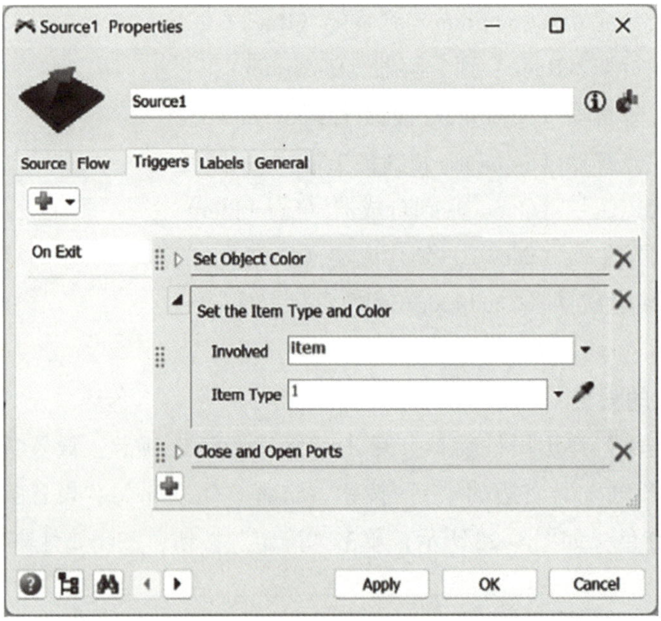

图 4-24　发生器 1 的货物类型及颜色设置

双击“Source”弹出属性窗口，单击“触发器”选项卡，设置“打开和关闭端口”。“操作”选择“closeinput”，“实体”默认为“current”，“条件”设置为“getoutput(current)==199”，如图 4-25 所示。

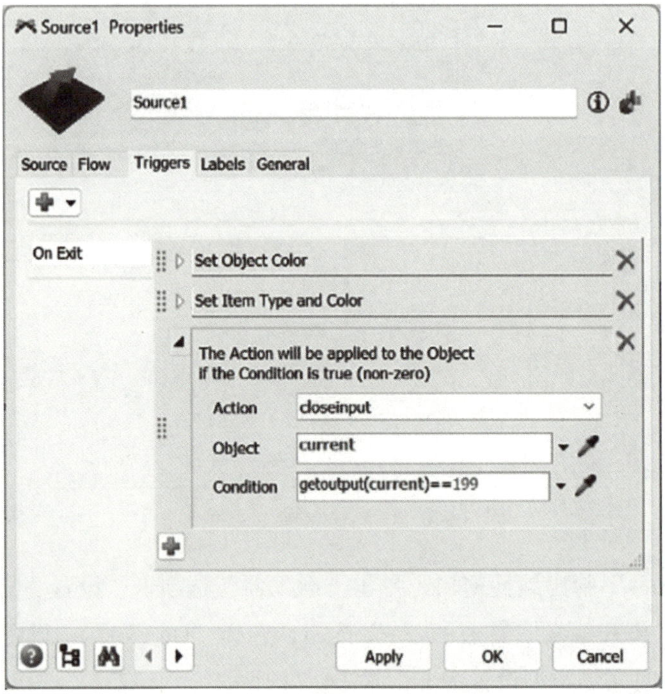

图 4-25　离开触发设置

发生器2和发生器3的设置与其类似，实体颜色分别设置为绿色、蓝色，临时实体类型分别设置为2和3，打开和关闭端口的设置与发生器1相同。

2. 入库托盘发生器设置

双击“发生器4”打开参数设置对话框，在“发生器”选项卡下将“临时实体类型”设置为“Pallet”，如图4-26所示。在“临时实体流”选项卡下将“发送至端口”设置为“可用的排队最短的”，如图4-27所示。

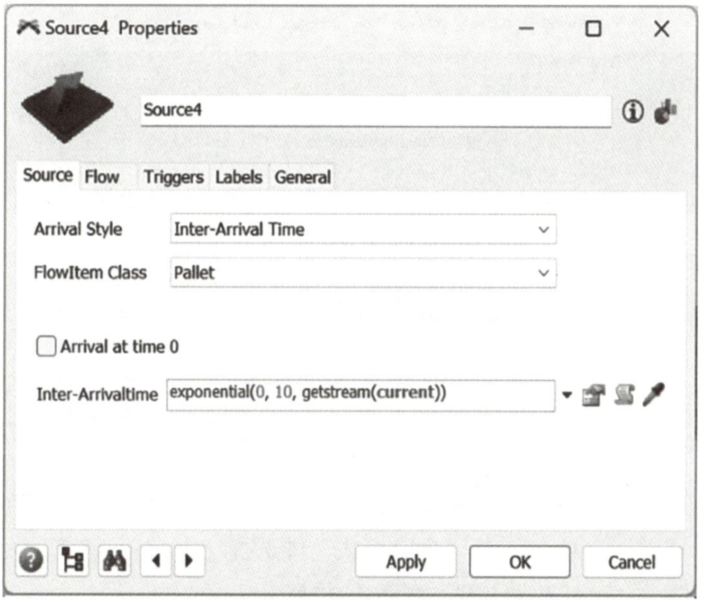

图4-26　托盘发生器产生托盘设置

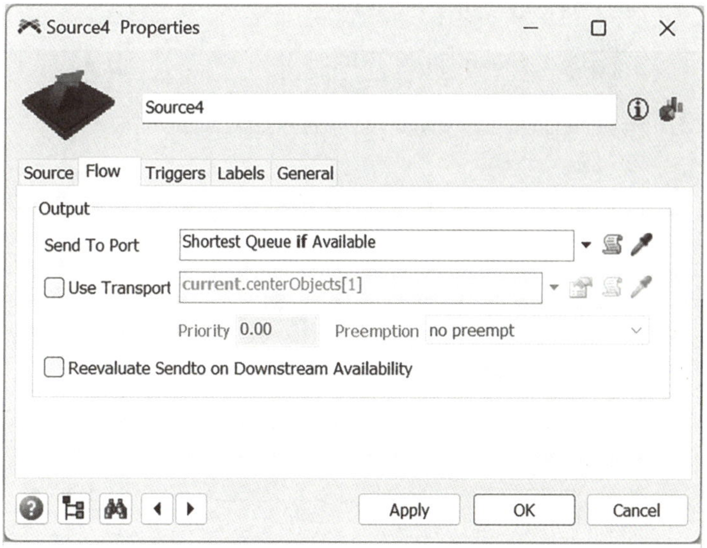

图4-27　托盘发生器发送端口设置

3. 合成器设置

双击“合成器1”打开参数设置对话框，在“加工时间”选项卡下将“加工时间”设置为80，如图4-28所示。

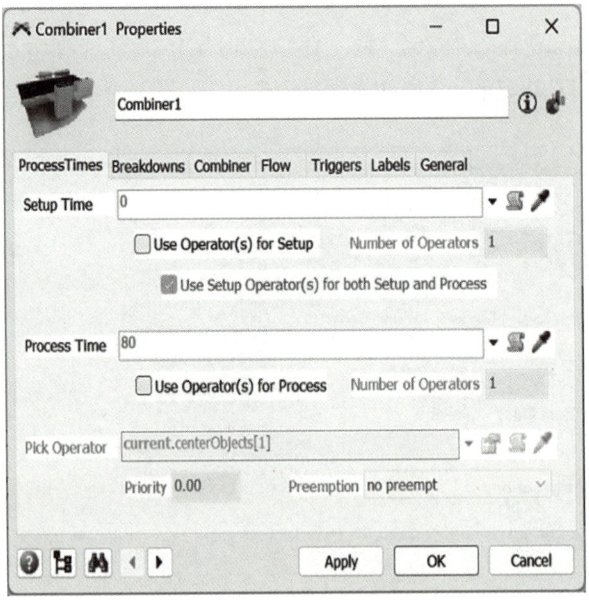

图4-28　合成器加工时间设置

单击“合成器”选项卡，在“合成模式”中选择“打包”，将Target Quantity设置为“8”，表示货物A每托放置8箱，如图4-29所示。

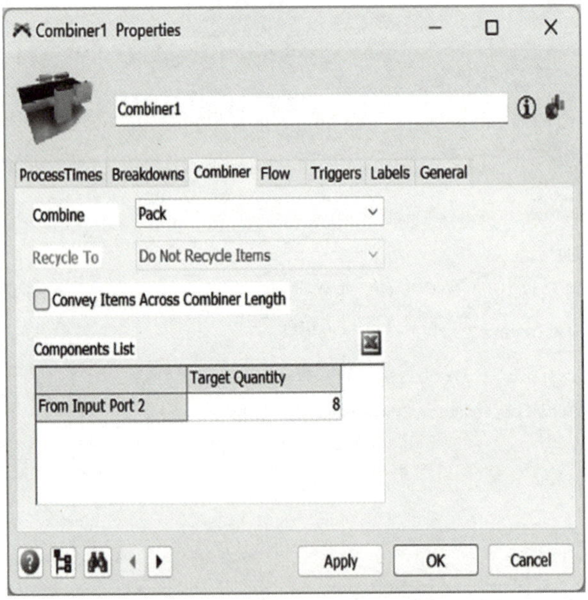

图4-29　合成器组成清单设置

单击“常规”选项卡，查看输入端口，确保托盘发生器的顺序排在第一个输入端口，如图4-30所示。

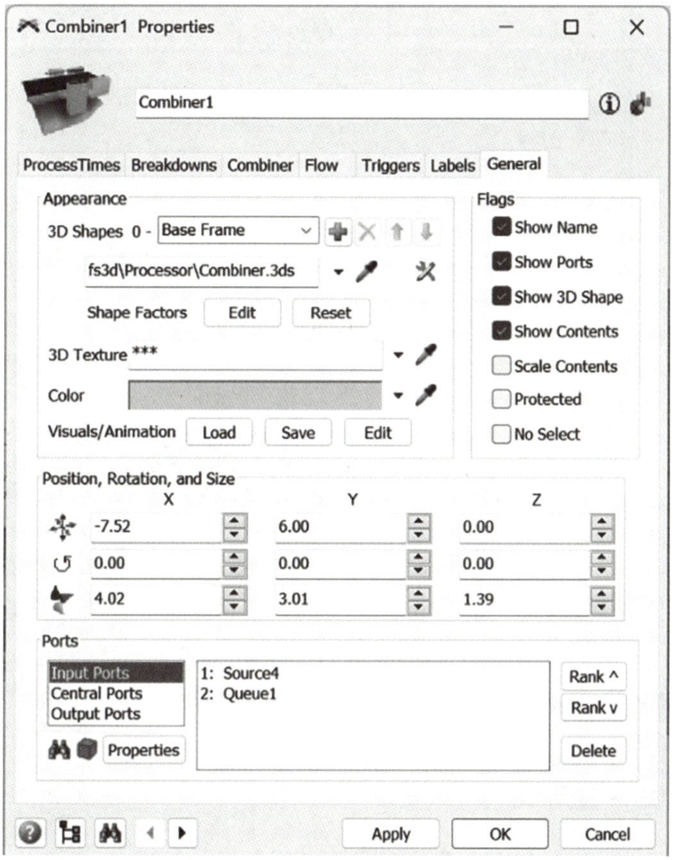

图4-30　查看输入端口设置

合成器2和合成器3的设置与其类似，加工时间分别设置为100、200，组成清单的目标数量分别设置为“10”“20”，表示货物B、货物C每托放置10箱和20箱，同样保证托盘发生器在输入端口中排序第一。

4. 货架的设置

双击“货架1”打开参数设置对话框，单击“触发器”选项卡，在“离开触发”中选择“关闭和打开端口”，“操作”设置为“closeinput”，“实体”默认为“current”，“条件”设置为“getoutput(current)==12”，如图4-31所示，表示货物A共出库13托，每托8箱，共计104箱。

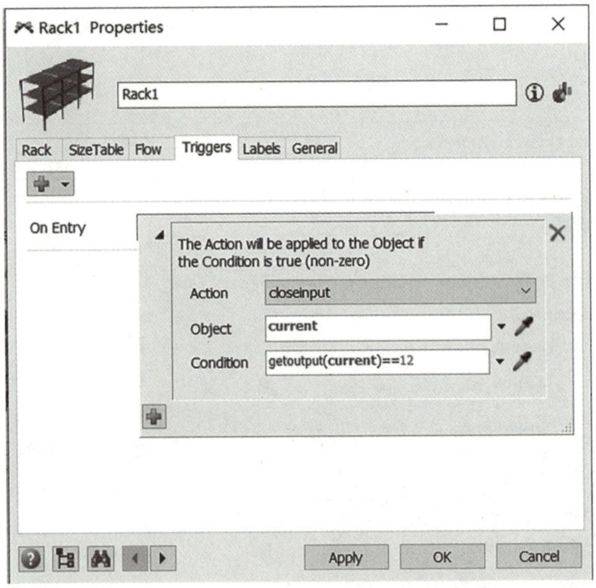

图4-31　托盘货架离开触发设置

货架2和货架3的设置与货架1类似，其中货架2的出库托盘数为9托，每托10箱，共计90箱，条件设置为getoutput(current)==8；货架3的出库托盘数为5托，每托20箱，共计100箱，条件设置为getoutput(current)==4。

5.托盘分解器的设置

双击“分解器”打开参数设置对话框，在“加工时间”选项卡下将“加工时间”设置为100，如图4-32所示。

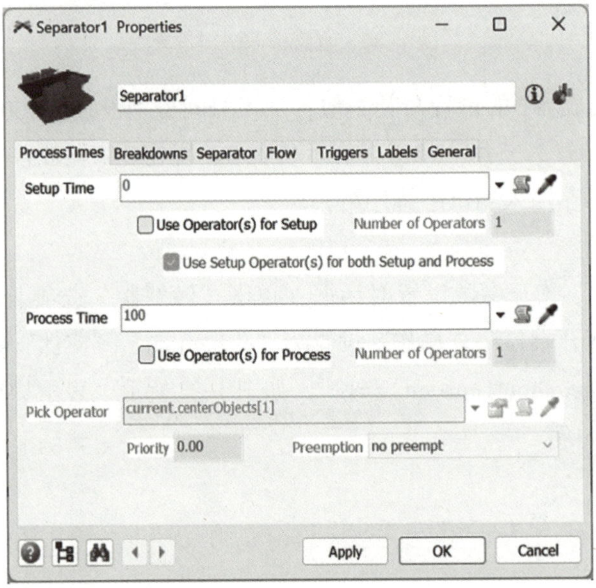

图4-32　分解器加工时间设置

单击“分解器”选项卡，选中“拆包”选项，如图4–33所示。

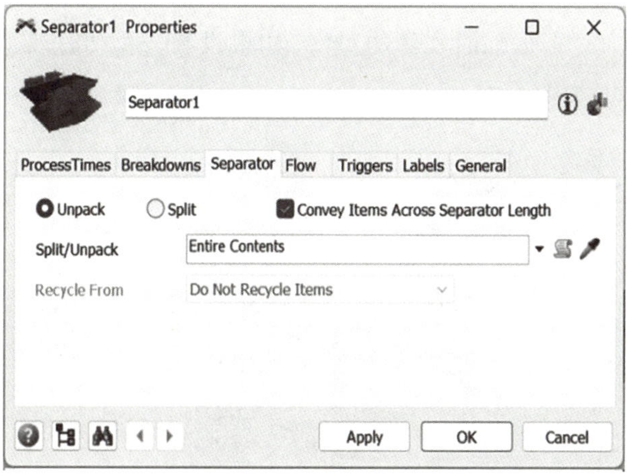

图4–33 分解器选项设置

单击“常规”选项卡，查看输出端口，确保托盘暂存区排序第一，以便堆放拆托释放的托盘，如图4–34所示。

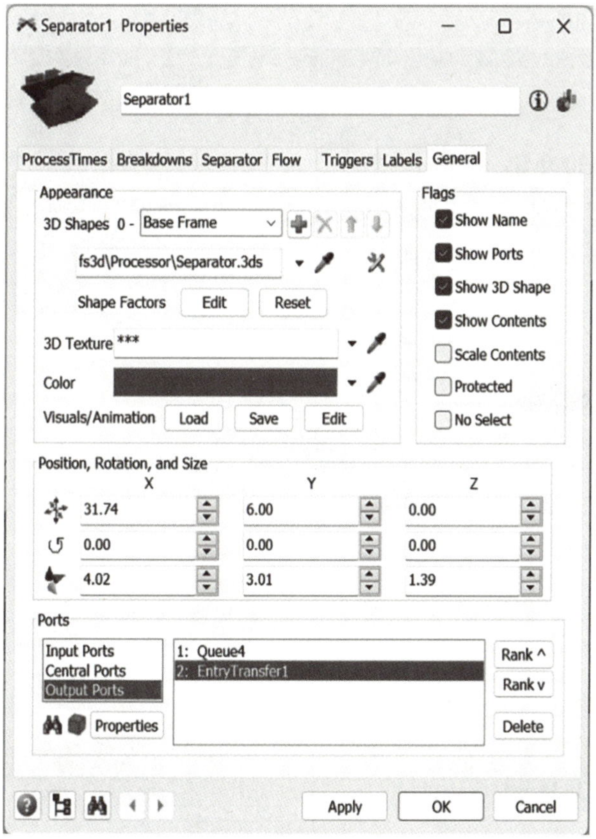

图4–34 查看输出端口

6.传送带设置

双击“分拣传送带”打开参数设置对话框，在“临时实体流”选项卡下，将“发送条件”设置为“根据临时实体类型”。如果没有分拣传送带应添加决策点实现根据临时实体分拣，如图4-35所示。

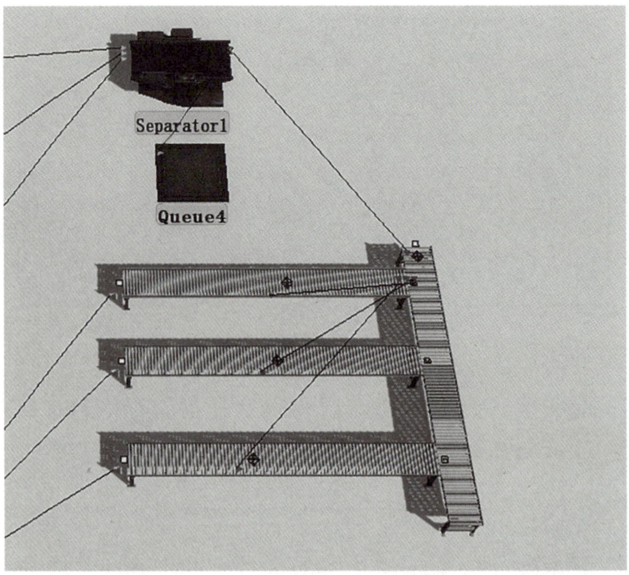

图4-35　分拣传送带的实现设置

7.订单发生器的设置

双击“发生器5”打开参数设置对话框，在“发生器”选项卡下将“临时实体种类”设置为“Pallet”，如图4-36所示。

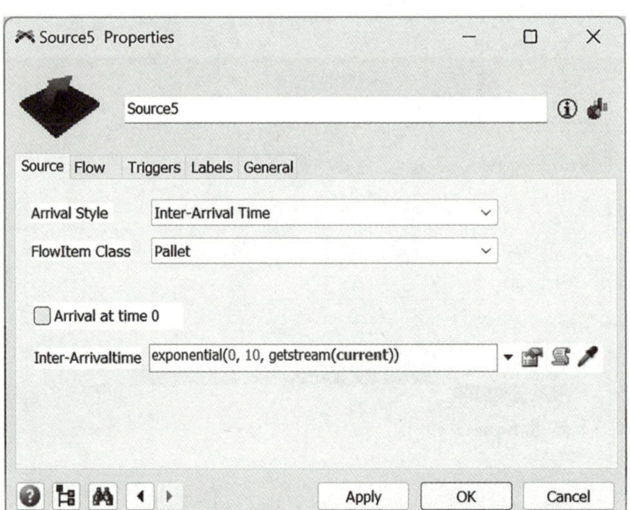

图4-36　临时实体种类设置

单击“触发器”选项卡，在“创建触发”中选择“设置临时实体类型”，将“Type”设置为“duniform(1，2)”，表示生成两种托盘，用于放置按订单分拣的货物，如图4-37所示。

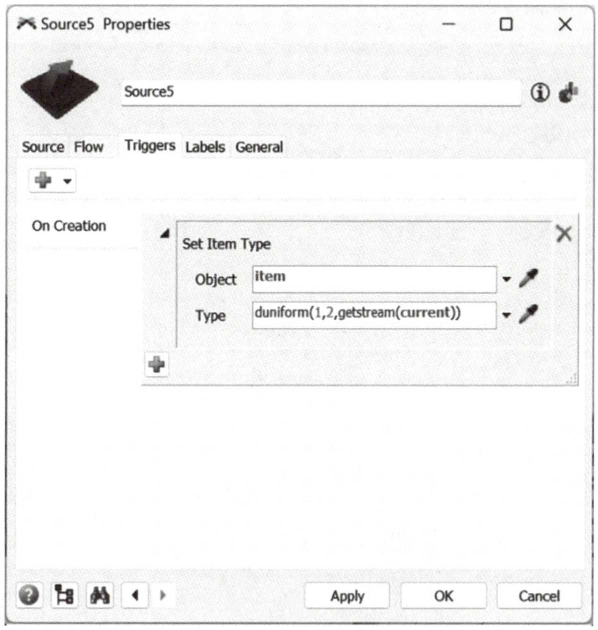

图4-37　订单发生器创建触发设置

8.**订单全局表设置**

全局表根据表4-6中ZHANG和WANG两个客户的订单数量进行设置，命名为“order”，如图4-38所示。

	ZHANG	WANG
Prod1	80	24
Prod2	70	20
Prod3	50	50

图4-38　订单发生器创建触发设置

9.**合成器的设置**

双击“合成器4”，打开参数设置对话框，在“加工时间”选项卡下，将“加工时间”设置为600，如图4-39所示。

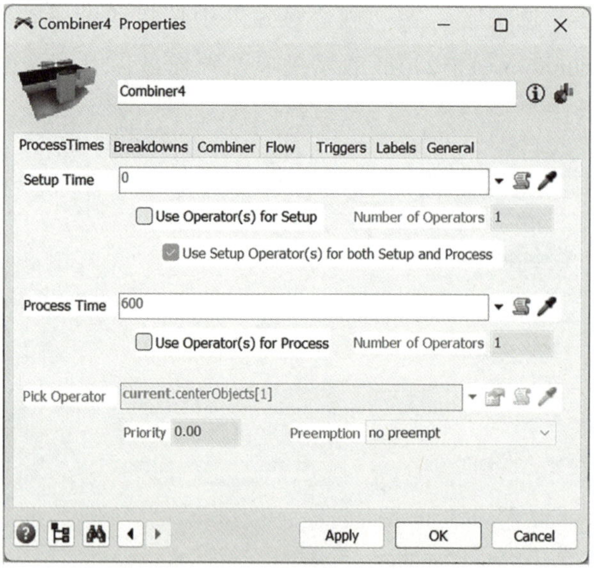

图4-39　合成器加工时间设置

单击“合成器”选项卡，设置“合成模式”为“打包”。单击“触发器”选项卡，在“进入触发”中设置“更新合成器组合列表”为全局表“order”，如图4-40所示。

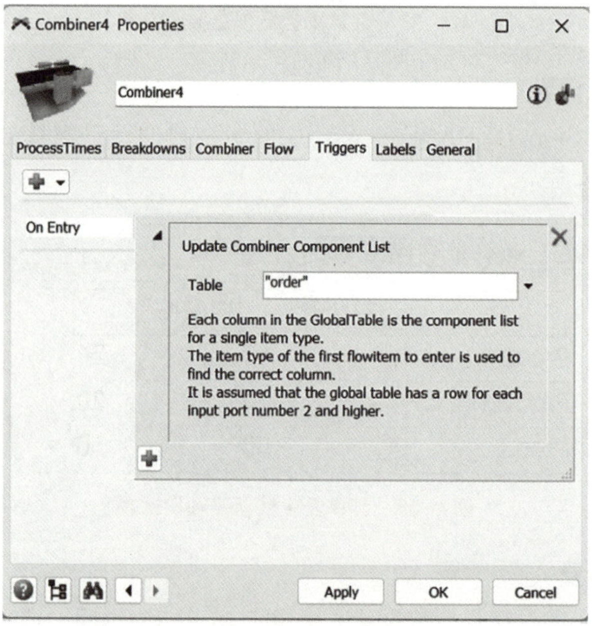

图4-40　合成器进入触发设置

单击“临时实体流”选项卡，将“发送至端口”设置为“对可用端口采取循环式”，保证两个客户的货物分别集货于两个暂存区，如图4-41所示。

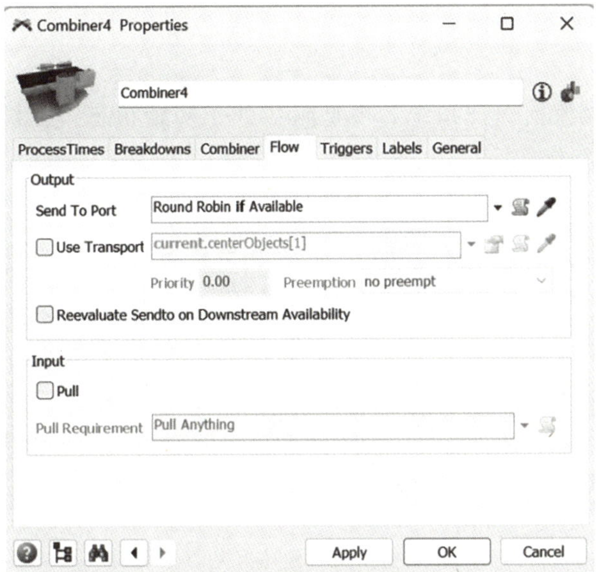

图 4–41　合成器发送端口设置

单击“常规”选项卡，查看输入端口，确保订单发生器排序第一，3个传送带的顺序分别对应A、B、C 3种货物，即临时实体类型分别为1、2、3，如图4–42所示。

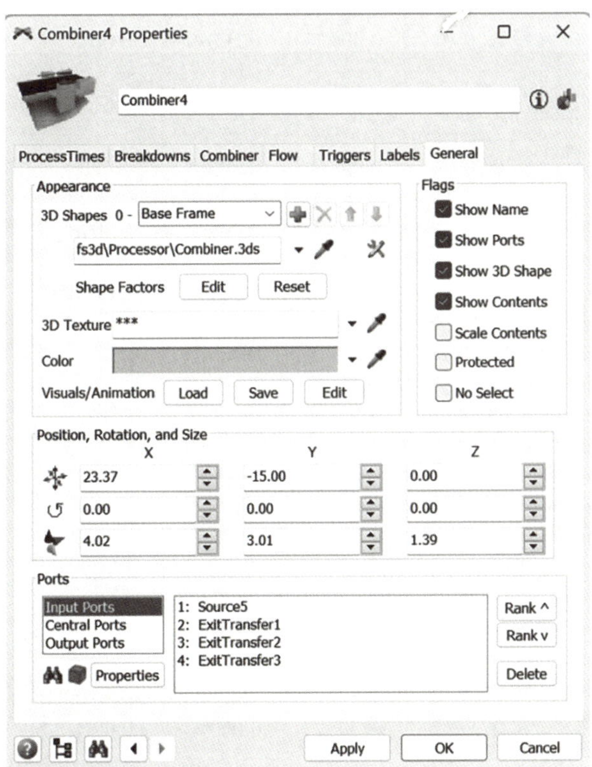

图 4–42　查看输入端口设置

(四) 模型的运行

1. 重置模型

为了在运行模型前保证系统和模型参数处于初始状态，在仿真控制栏中单击“重置”按钮，重置模型。

2. 运行模型

单击“运行”按钮运行模型28800 s。在仿真进行过程中，可以看到3种不同颜色的货物从系统中流过，经过仓储、分拣、打包，最后离开系统。

(五) 仿真结果

当仿真运行自动结束后，在FlexSim菜单栏中单击“统计”→“报告与统计”选项，在“报告与统计”对话框中进行增加和减少需要输出的报告内容，单击“生成报告”按钮，生成汇总报告，部分内容见表4-9。

表4-9 汇总报告

Object	idle	processing	blocked	generating	empty	collecting	releasing
Source1	0.00%	0.00%	0.00%	100.00%	0.00%	0.00%	0.00%
Source2	0.00%	0.00%	0.00%	100.00%	0.00%	0.00%	0.00%
Source3	0.00%	0.00%	0.00%	100.00%	0.00%	0.00%	0.00%
Queue1	0.00%	0.00%	0.00%	0.00%	1.67%	0.00%	98.33%
Queue2	0.00%	0.00%	0.00%	0.00%	1.28%	0.00%	98.72%
Queue3	0.00%	0.00%	0.00%	0.00%	0.80%	0.00%	99.20%
Combiner1	2.32%	96.42%	0.00%	0.00%	0.00%	1.25%	0.00%
Combiner2	2.14%	96.98%	0.00%	0.00%	0.00%	0.88%	0.00%
Combiner3	1.26%	98.11%	0.00%	0.00%	0.00%	0.63%	0.00%
Source4	0.00%	0.00%	71.34%	28.66%	0.00%	0.00%	0.00%
Rack1	100.00%	0.00%	0.00%	0.00%	0.00%	0.00%	0.00%
Rack2	100.00%	0.00%	0.00%	0.00%	0.00%	0.00%	0.00%
Rack3	100.00%	0.00%	0.00%	0.00%	0.00%	0.00%	0.00%
Separator1	0.71%	0.69%	98.59%	0.00%	0.00%	0.00%	0.00%
Queue4	0.00%	0.00%	0.00%	0.00%	1.08%	0.00%	98.92%

续表4–9

Object	idle	processing	blocked	generating	empty	collecting	releasing
Combiner4	0.04%	0.00%	0.00%	0.00%	0.00%	99.96%	0.00%
Source5	0.00%	0.00%	99.91%	0.09%	0.00%	0.00%	0.00%
Queue5	0.00%	0.00%	0.00%	0.00%	100.00%	0.00%	0.00%

思考与练习

1. 练一练

（1）按照如下的分拣策略进行分拣，并导出数据汇总表。

①分区按单拣选，即货物从3个货架按订单顺序输出至合成器。打开货架属性对话框，选择“临时实体流”选项卡，找到并修改输出属性为第一个可用，打开所有端口。各货架的员工按订单的需求从第一个订单到来的时刻对其拣货，直至拣选满足每个员工所负责货架的货物为止，然后继续拣选第二个货架，以此类推（假设订单的到来顺序按订单序号排序。如果订单到来为随机，则采用按单并行）。

②分区并行拣选只需添加合成器的数量，合成器的设置是相同的。当多份订单到达时，员工可按所有订单的需求统计各负责分区的货物需求，然后再进行分拣。

③不分区按单拣选的设置需要用到员工分配器。在FlexSim中分配器的作用是使员工依赖于临时实体本身而不是货架，从而使员工以“组”的形式工作。具体实现方法是创建分配器到各个货架间的中间连接，创建分配器到各个员工的普通连接。在使用分配器的基础上，重复分区按单的分拣策略，即可得到不分区的拣选方法。

④不分区并行拣选同不分区按单拣选一样，不分区并行拣选也是用分配器对员工进行控制。

至此，完成4种分拣策略的仿真模型。编译并分别运行4种分拣策略对应的模型8 h（28800 s）后，输出仿真统计数据。

（2）分析汇总表数据，对数据进行分析，并说明理由。

2. 拓展训练

假定物流配送中心每隔1000 s到达一批货物，这些货物有3种类型，各类型货物数量随机，总数为200件。物流配送中心共有3个货架，货物随机存放在对应类型货架上。客户订单种类是已知的，见表4–10，每隔20 s有1个客户订单会到达物流配送中心。每个客户订单都由1个单独的周转箱进行打包，打包时间为10 s，打包完成后存放在出库暂存区。

表 4-10　客户订单种类　（单位/件）

货物	订单 1	订单 2	订单 3
货物 1	1	0	1
货物 2	2	3	1
货物 3	1	1	2

按照问题描述及参数进行模型搭建，运行模型并进行数据分析。

任务二工单

1. 任务分组

班级		组号		指导老师	
组长		学号			
小组成员	姓名	学号	角色分工		
			监护人员		
			操作人员		
			记录人员		
			评分人员		

2. 任务实施

序号	任务点	具体工作内容	结果记录
1	学习物流配送中心的构成，对其运作流程及各个区域熟悉了解	阐述现代物流配送中心的构成	
		阐述现代物流配送中心的运作流程	
		简单介绍现代物流配送中心所需的设施设备	
2	学习对物流配送中心布局	根据题目要求进行现代物流配送中心布局	
		根据题目要求选择合适的设施设备	
		根据流程及设施设备进行简单布局	
3	根据运作流程确定各个实体的连接方式	对模型中的设施设备进行合理连接	
		根据题目要求对实体进行设置	
		模型能正常运行	
4	对仿真结果进行分析	对模型产生的结果进行导出并做简单分析	

3. 考核评价

序号	技能要求	评分细则	配分	等级	得分
1	考勤	没有无故迟到、早退、旷课现象	25	A	
				B	
				C	
				D	
2	工作过程	模型流程合理，设施设备选择合理，自动化立体仓库合理布局	50	A	
		根据运作流程对各个实体进行合理连接		B	
		对每个实体进行合理设置		C	
		态度端正，工作认真，积极主动，能与团队成员进行合作交流		D	
3	项目成果	模型可以正常运作，无错误	25	A	
		对运作数据进行正确导出		B	
		对运作数据进行合理分析		C	
		撰写项目报告		D	